U0163058

别愁啦，
用四宫格厘清
金钱的烦恼

[日]山崎俊辅◎著

佟凡◎译

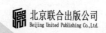

北京联合出版公司
Beijing United Publishing Co.,Ltd.

你没有金钱方面的烦恼吗？应该有吧？

※　本来打算好好规划的，结果每个月发工资
　　前都会一分不剩……

※　太喜欢自己的偶像了，花在追偶像的开销
　　很多，总是存不下钱来。

※　旅旅游，吃吃好吃的，钱不知不觉就花超
　　额了。虽然想存钱，但是也想做只有现在
　　能做的事。

※　最近人们常说要投资，不要存钱，我听说投
　　资很重要，可就是觉得害怕，没办法下手……

※　虽然还很遥远，但是为了养老考虑，必须

在 iDeCo（个人定额缴费养老金）账户和 NISA（少额投资免纳税）账户之间选一个了，应该从哪一种开始呢？

※ 刚结婚，想要孩子，必须认真考虑钱的问题了。

※ 生孩子以后，想要好好存钱攒钱，可饮食、服饰、旅游、保险，不知道每一项支出应该控制在多少。

金钱的烦恼总是和人生相关。就算道理都明白，如果不能厘清自己的想法，也会觉得不痛快。

有很多人会从各种各样的角度给出建议，手机上也充斥着大量关于理财的信息。

重要的是从中找到适合自己的答案。

我做了二十多年理财规划师（FP），专业是定期定额养老金和养老金规划，同时致力于提高年轻人的金融知识水平，进行投资教育。

我在二十多家媒体上撰写关于理财的文章，有《日本经济新闻》电子版、《金钱现代》、《总裁在线》等，每年会举行四五十场演讲。

通过这些活动，我产生了一些感想。

在理财咨询中，三四十年跨度的长期规划叫作"人生规划"（life plan）。应考虑到结婚、生孩子、购房等大事，以及旅行、搬家等需要花大钱的计划，以便制定长期理财规划。让前来咨询的人写下自己的人生规划，是理财规划师最基础的工作。

可是我并不太喜欢人生规划。制定人生规划，相当于将自己的生活嵌在一个规定好的模板中，导致人们忘记人生本该有无限个选项。

何时结婚？究竟要不要结婚？生不生孩子？生几个孩子？会不会生病？买房还是租房？父母有没有钱？需不需要照顾父母？和丈夫一起外出工作还是做家庭主妇？做正式员工还是打零工？人生的路有太多分岔口。

而且几年后会出现各种各样的变化，有的人本来打算单身一辈子，却在一年后结婚。

人们常说现在是一个多样性的时代，人生原本就是多样性的宝库。

随着选项越来越多，不会有任何两个人过上相同的人生，每个人面对的金钱问题也各不相同。

我希望大家在这本书里**稍稍跳出框架，找到适合自己的赚钱方式，以及找到适合自己的人生与金钱的最优规划方案。**

Ⓢ 厘清自己的价值观，想一想自己要如何做

简单解释，资金流动就是"赚钱"→"花钱"→"通过投资和存钱让剩下的钱顺利增加"。

在我们的人生中，重要的是在资金流动后能够有盈余。

但是如果每天只吃便利店的饭团，没有任何娱乐活动，人生会很无聊，因此我们要巧妙地保持平衡，在花钱的同时也能获得快乐。

即便是给偶像花钱，只要有分寸就没问题，因为给偶像花钱能让你产生幸福感。

愉快地花钱同样很重要。

在喜欢的事情上花钱时，只要能够保持日常生活的整体平衡就完全没问题。

我有时会自称"御宅族理财规划师"。我喜欢游戏、

动画、漫画，家里有五千多本漫画，甚至在漫画评论专栏写过连载。

不过我的日常生活很简单，我对昂贵的寿司没有兴趣，衣服只买性价比高的品牌，用优衣库、无印良品、GAP组合搭配。在我看来，买一件2万日元的衣服或者鞋子，不如买20本漫画。

恐怕在普通的理财书本中，我选择的优先顺序不会获得认可，但是在这本书里完全没问题。

资金流动很简单，每个人都有自己的解决方法。有人选择换工作，有人选择节约，有人选择零存整取定期存款。

节约不仅仅是少花钱，还需要看清适合自己的方法，思考在什么地方用多少钱，在什么地方可以削减开支。

总而言之，重要的是厘清自己的价值观，确定自己的处境，想清楚自己要如何做，然后采取行动。

Ⓢ 用2×2的四宫格将金钱的烦恼可视化

本书会利用图表帮助读者整理自己的价值观，确定自己所在的位置，思考该怎么做。

我用的是 2×2 的四宫格。

用纵轴和横轴做出的图表叫作四宫格图，书中的图可以清晰地揭开金钱方面的问题。

图中有两条轴，每条轴上有两个选项，将以下内容可视化。

※ 行为模式

※ 制度、法律的区别

※ 是否有变化

四宫格的好处之一是能够清晰地看到"应该避开的选项"和"不合理的行为"。

四宫格的四格中，基本上会有一两项不利的内容。看清了这一点，只要避开不明智的行为和会造成损失的选择就好。

2×2 的轴上还标注了"〇""△""×"符号，表示选项的相对优劣。加上符号简单易懂，比如"×"就是应该注意避免的行为。请根据自己的情况考虑，是否能选择标注"〇"的选项。

另外，四宫格的另一个优点在于"可以看到自己应该朝哪个方向努力"。图中画着大大的"→"。请大家记住，如果方向是从左下到右上，就要以这个方向为目标。

如果你现在的状态位于左下的格子中，只要将自己的状态调整到右上的格子就好。只要能够意识到这一点，就能明确采取实际行动的意义，增加执行的动力。

四宫格应该可以让你朝解决金钱烦恼的方向迈出第一步。

⑤ 金融经济教育的关键在于培养独立思考能力

从 2022 年开始，大学为了培养学生的金融素养，开设金融经济教育课程，这在金融界也引发了话题。

有关金钱的知识越早学习越好。使用消费信贷借款和定额分期支付的信用卡①，被还款的压力逼到绝境后再了解借贷的知识，就太晚了；如果想要借助长期投资理财，比起从四五十岁开始，还是从二三十岁就早早开始更好。

---

① 定额分期支付，即**リボ払い**，是日本信用卡支付的一种方式。采用分期付款但是每个月按自己设定的金额还款，直到本息全部付清为止。

另一方面，我也听到有人担心孩子沉迷股票，也有人看到学校教授投资失败的负面新闻后产生担忧。其实孩子在学校接触到的金融经济教育涉及与金钱有关的各方面知识，归根结底是在"家庭课"等课堂上进行的。基本内容是"账本"和"家庭收支情况管理"，在此基础上延伸出去，包含"投资"和"股票"等增加资产的方法。理解自身和家庭在金钱方面的问题，思考如何解决问题，养成独立思考的习惯，我认为这就是金融经济教育的目标。如今中学生的课程中包含"主动学习"，需要学生主动调查、思考并且得出结论。将金融经济教育的知识与主动学习结合，或许可以解决今后年轻人在金钱方面的问题。既然如此，需要担心的反而是已经走上社会的人们，也就是二三十岁的年轻人。这本书写给必须提高金融素养、增强判断能力的一代人。

　　希望这本书能让有金钱方面烦恼的你，找到适合自己的增加资产的方法，帮助你过上富足的人生。

山崎俊辅

2022 年 10 月

Chapter 01

我想解决金钱和心理的问题

01 "在发工资的前一天把省下的钱存起来"，

　　为什么无法顺利完成？ /006

02 如何削减多余的支出 /010

03 可以在兴趣爱好上花多少钱？ /014

04 可以将家务外包，购买高额家电吗？ /018

05 大家都说"不要存钱要投资"，我却因为害怕亏损而不敢投资 /022

06 投资有可能导致"资产归零"吗？ /026

07 不要购买金融机构推荐的产品 /030

08 投资要从 100 万日元还是 100 日元开始？ /034

09 为什么绝对不能碰号称"安全、可靠、高回报"的投资 /038

10 就算理解了重要性，依然会拖延的人需要做的事 /042

Chapter 02

当你不得不做出人生决定时

01 应该跳槽还是应该留在现在的公司？ /052

02 从金钱的角度看对方适不适合结婚 /056

03 结婚前要不要确认双方对"金钱"的价值观？ /060

04 从经济角度来看，什么时候生孩子？ /064

05 从金钱和人生的角度思考要不要备孕 /068

06 要保持单身吗？不结婚的人应该如何生活？ /072

07 如果要相亲，应该让朋友介绍还是利用相亲应用程序？ /076

08 租房还是买房，这个永恒的难题有答案吗？ /080

09 买不买房还取决于有没有兄弟姐妹 /084

10 房贷选择固定利率还是变动利率？房子买在近处还是远处？ /088

Chapter 03

需要为将来做准备的事情

01 物价还会上涨，我们的生活会变成什么样？ /098

02 可以选择不买车，思考共享时代的节约方式 /102

03 应该从事副业还是专注于主业？ /106

04 人生 100 年时光，要不要重新学习技能？ /110

05 应该从什么时候开始为孩子准备学费 /114

06 为什么借房贷时首付很重要？ /118

07 赠与和继承，可以依靠父母的财产吗？ /122

08 当父母需要照顾时，我们应该辞掉工作吗？ /126

09 准备"晚年 2000 万日元"，首先要做什么？ /130

10 夫妻双方都应该做正式员工还是打零工？ /134

Chapter 04
大家应该理解的法律和制度

01 "没有钱却要借钱立刻购买"为什么会有损失？会损失多少？ /146

02 现金支付和电子支付，哪种方法好处更多？ /150

03 市面上流行的积分和优惠券优惠在哪里？应该如何使用？ /154

04 个人编号卡为什么会提供好几万积分？ /158

05 为什么要加入寿险和车险等保险？ /162

06 利用故乡税时应该考虑的重点 /166

07 个人投资为什么要选择信托投资基金？ /170

08 iDeCo 和 NISA 的优势在哪里？ /174

09 如果从 iDeCo 和 NISA 开始，应该优先选择哪一项？ /178

10 国家养老金制度真的崩溃了吗？ /182

后记 /189

Chapter 01

我想解决金钱和心理的问题

我们大体上是非理性的

你觉得自己是理性的人还是非理性的人？

有一种生活方式叫作极简主义，住单间公寓，几乎不买家具，只有几套衣服换着穿，有了手机或者平板就不要电视……极简主义者过着极端简洁的生活。给人一种追求性价比最简省的感觉，是理性生活的极致。

在饮食方面，有的人不在乎食物是否美味，吃得是否开心，只考虑营养平衡和价格，这确实是一种理性的行为。

这两种生活方式的例子有些极端，大部分人会觉得自己做不到。无论是什么样的人，都没办法过完全理性的生活。

在兴趣和实现有意义的生活上花费时间和金钱确实是非理性的行为，但这才是人类会做的事情。

哪怕给自己喜欢的偶像花钱不会得到回报，我们也会支持偶像。就算不看漫画也能生活，我们也会打开漫画应用程序，看看漫画新作或者经典漫画来调节情绪。

或许可以说，反而在非理性的地方才能展现出人性。

虽说如此，我们花钱时的决定不可能全都是非理性的，这就是需要平衡的地方。

在第一章中，我想首先讨论金钱和心理的问题。

只靠知识和理性无法解决金钱问题

人们往往会认为要想避免非理性行为，重要的是拥有正确的认知，采取理智的行为。

有了认知和理智，似乎确实能够成为理性的人。

可是并非所有人在了解这一点后都能做到，大部分人都是**心里清楚却做不到**。

反而是内心脆弱的人占大多数。想减肥，又禁不住诱惑在晚上吃巧克力，同样是人性的一面。

🜚 让四宫格成为将自己推向有利方向的契机

尽管如此，大家依然会有优势，因为你们拿到了这本工具书。你们是有学习热情的理性的人。大家之所以想要读书、收集信息，应该是因为不想始终做一个非理性的人。

本章将要探讨的心理与金钱的关系同样如此，只要明白自己依然处于非理性的位置，这一认识就能成为改善的契机。

如果你会责备自己的意志软弱，或许就能抓住灵感，意识到改变做法更有效。

举例来说，有的人明明知道必须存钱，却存不下来。与其推荐这些人锻炼出更强大的内心，不如推荐他们改变做法。

同样是存下 1 万日元，与在发工资的前一天手动把钱存入自动存款机相比，选择在发工资的后一天由银行自动扣款的方式更轻松，而且无法逃避，能更可靠地存下钱。

考虑到金钱和人们的心理，痛苦的事情最好不要拖延，而且设成自动模式更好。

　　与其勉强自己承受内心的摇摆，不如巧妙利用现代化的机制，能更轻松地解决金钱问题。

　　让我们来寻找类似的灵感吧！

01 | "在发工资的前一天把省下的钱存起来",为什么无法顺利完成?

$ 在发工资的第二天自动存钱

在"金钱和心理问题"上,经常出现的是"总是存不下钱"的烦恼。在这个问题上,有一种绝对不能用的方式。那就是在发工资的前一天,把上个月节省下来的钱存进存款账户里。

在一整个月里有意识地省钱非常困难。明明省下了一些钱,可是在亲手把这些钱转入存款账户的时候,还需要和"想要把这些钱用掉"的诱惑作斗争。就算在最开始的几个月里认真转账存钱,这种会积攒压力的储蓄方式依然没办法长久坚持。

面对这个问题,发工资的前一天和发工资的第二天,仅仅两天的差距就蕴含着重要的意义。请大家看看下面这张四宫格。横轴表示选择发工资的前一天还是后一天,纵轴表示选择手动还是自动。

"前一天"和"第二天"，
两天的差距就能决定成败！

	发工资的"前一天"	发工资的"第二天"
（手续）自动	・只要在一个月后剩下足够的钱，就能利用"自动化"的优势 ・虽然"自动化"挺好，但是余额不足可能会导致扣款失败 →结果，很难存下钱 △	・因为刚发工资，余额足够，所以不会失败也无法偷懒，能真正存下钱来 ・可以利用积累式养老金制度、定期存款、iDeCo、NISA 等 ◎
（手续）手动	・容易找借口偷懒，比如"这个月没省下钱来也是没办法的事" ・明明有钱还要节约本来就会造成精神上的痛苦！ →结果，很难存下钱 ✕	・自己去 ATM 机上存取钱很麻烦，于是找借口偷懒 ・以工作忙为借口偷懒 →结果，很难存下钱 △

能够找借口偷懒的方法只能
依靠"自制力"坚持，所以
不会顺利！

努力了一个月，好不容易在发工资的"前一天"24日（假设25日发工资）成功留下了1万日元。可是"手动在ATM机上存钱"或者"手动转账到其他存款用的银行账户"需要完成一项操作，会让我们觉得麻烦。

如上一页中的图表所示，最理想的方法是在26日，也就是发工资的"第二天"存钱，并且利用"自动化"的模式。

在存储同样的金额时，"先存钱"很重要。"先把钱存好，用剩下的钱省着用一个月"和"省着用一个月，保证最后能省下需要存的钱"，两种方法带来的压力完全不同。虽然先存钱在心理上似乎带有"我知道自己容易放弃"的消极感，但是下定决心"先存钱，用剩下的钱省着用一个月"更容易顺利存下钱。

而且**选择"自动扣款"模式可以让我们不用去银行，从而消除偷懒的借口**。

顺带一提，**自动扣款的方法有很多种**。"积累式养老金制度""职工持股会""定期存款""定期定额投资""iDeCo""NISA"等都是可以自动扣款的理财方式。

$ 不要靠意志力，而是靠规则解决问题

用四宫格整理后，可以发现有效储蓄需要做的是**"尽早存钱"**和**"选择自动化"**。

任何人都希望拥有尽可能多的可支配的财产。可是如果你为了将来着想，希望多少能存下一些钱来的话，就要尽早着手。

尽管我的工作是理财规划师，但我没办法遵守"在有余力的时候存钱"这种理想的规则。说白了，这是因为我永远不懂得做计划。一年后回头审视会发现，能存下钱来的只有设定过"自动扣款"的账户。

这种方式唯一的缺点是"在一开始需要办手续"。只要能克服嫌麻烦的心理，去银行或者证券公司办好手续，资产就能自动开始储存。

明明知道必须存钱却存不下来的人，**不要靠意志力解决问题，重要的是制定存钱的规则。**

02 | 如何削减多余的支出

⑤ 嘴上说着要削减支出，却不知道应该削减哪些部分

提到节约，可以将人们分成两种类型。

一种是能够毫无困难、自然而然做到节约的人。能自然而然地做好计划、用 80%~90% 的工资生活的人，就算不做任何努力也能存下钱来。

另一种人赚多少钱就能花多少，甚至会有一部分超额支出。要求这种类型的人"一个月只能用一定数额的钱"的话，他们也能做到，可是如果没有事先把钱存好，就一定会全部花光。

对于这种类型的人来说，要求他们削减多余的支出并不容易，反而会让他们苦恼。那么该如何是好呢？

检查转账记录、使用明细

利用记账应用程序能轻松掌握和分析消费状况，非常便利

	固定费用	日常生活费用
能够减少支出的部分	·手机新套餐费用 ·多交的保险费用 ·电费、天然气费用等可节约的光热费用	·把大品牌的产品换成超市自营产品 ·把日本国产食品换成进口食品 ·只买促销产品
能够不支出的部分	·重复预约服务 ·不会去的健身房的健身卡 ·卖掉不常开的车 ·家里的固定电话可以解约吗？	·不买过多的点心 ·不买过多的蔬菜 ·放弃平时养成习惯的必点菜

不断解约吧，也可以尝试在周末一口气处理

用一个月集中尝试自己能节约到什么程度

这次的纵轴和横轴分别是"固定费用或者日常生活费用"以及"能够减少支出的部分和能够不支出的部分"。如果你能想出这样一个四宫格，就能采取具体的节约措施。

首先是"固定费用"。检查话费、预约服务等每个月自动扣款的费用。说到节约，人们容易想到的是在日常用品上一分一厘地节约，其实**削减固定费用更有意义**。如果能减少 2000 日元话费，以后每个月都能节约 2000 日元。

检查固定费用时，需要彻底削减"没有真正利用，取消后也不会带来困扰的费用"。几乎不会去的健身房，网飞、亚马逊等视频平台的会员，如果有重复预约的情况，都可以选择只留下一个。接下来要检查能不能选择更便宜的套餐。以话费为例，有的廉价套餐每月还不到 3000 日元。不常使用移动网络的人可以换成 MVNO（移动虚拟网络运营商），价格会更低。

接下来让我们着手削减变化幅度大的"日常生活费用"吧。**在日常生活中选择更廉价的产品**。就像网购时会选择最便宜的产品一样，在实体店铺购物时也请大家注意选择廉价产品。请注意，便利店的产品价格更贵，多走几分钟去超市就能省下百分之好几十的钱。

⑤ 用一个月彻底挑战"不花钱的生活""购买廉价产品"

　　我建议不知道要怎么削减支出的人，尝试一次彻底节约的生活。请大家尝试放弃就算不买也不会感到困扰的产品吧。在一个月之内坚持"选择不花钱"，或者"购买廉价产品"。

　　节约术的第一步，是发现"不买也不会感到困扰"，"便宜的产品其实很好"。

　　我在 25~30 岁之间，因为想要改变不会节约的生活习惯，曾经尝试过完全"不购物的生活"。不在新游戏发布的第一天购买，不买动画 DVD 和杂志，尽量不买漫画……我尝试过这样的生活。

　　只要尝试改变自己的生活方式，就会发现"一定要买的想法不过是一种强迫观念"。我认为只要花几个月时间划一条线，区分"我果然还是想要，所以继续分些预算给它吧"和"这个东西不需要勉强自己去买"的产品，就能建立起属于自己的节约风格。

　　请你也一定要尝试一个月彻底"不购物的生活"，为自己设定节约期吧。

03 可以在兴趣爱好上花多少钱?

💲 判断花钱是否买到了足够的"满意"

有一个词叫作应援,意思是为自己喜欢的偶像或者动画等作品花钱。这个词过去用在宝冢粉丝和追星人群中,现在各个领域都有人在做应援。

在应援或者在兴趣爱好上花钱的人看起来几乎都很快乐。但是在他们内心深处还是会带着一丝内疚,不知道自己花这么多钱究竟好不好。

这是一个非常深刻的问题,四宫格的纵轴设定成了"满意度",横轴是两种支出的种类,分别设定为"欲望消费"(应援预算)和"必要消费"(日常生活中必须要花的钱)。

哪怕只花了少量的钱，是否能获得相应的感动？

正因为是一笔高额支出，才需要努力获得超额的感动

	必要消费	欲望消费
满意度高	· 在日常生活中也能发现"感动" · 寻找虽然便宜但却美味的食物 · 尝试新产品（获得新鲜的感动）	· 刚开始沉迷时"爱"很浓烈，花在兴趣爱好上的钱相当于你的生活意义 · 偶尔出门旅行 · 既然新鲜的感动很强烈，花的钱就绝不是浪费！（但是要适可而止……）
满意度低	· 问问自己，有没有已经无法带来任何感动的常规消费 · 每天重复同样的事，就算花钱也得不到任何感动	· 问问自己是不是在做惯性消费？ · 不要为已经厌倦的事情因为义务感而支付费用 · 可以主动暂停，确定还想继续后再重新开始

拖拖拉拉的消费很危险

四宫格里的每一条都着眼于花钱是否买到了足够的"满意"。事实上把钱花在兴趣爱好上还是日常生活上，并不是用来判断钱花得对不对的方法。真正不好的地方在于，**把钱花在无法带来任何感动的事情上。**

　　满意度是一个很难判断的指标。日常生活中的消费大多金额较小，而且基本上不会带来感动。只要没有尝试新产品，没有自己感动自己，就不太会出现"用 1000 日元买到超过 1000 日元的感动"的情况。

　　这种情况同样适用于应援（兴趣爱好）。花钱应援在初期和后期带来的满意度不同，刚开始沉迷时，无论花多少钱都能买到超额的满足。去参加演唱会、握手会，就能获得新鲜的感动，在活动结束后好多天还会陷在止不住笑的状态中。

　　但有一天，你可能会突然失去对偶像的热情。或许是由于自身的变化（工作、育儿等），或许是由于偶像本人的变化（出现绯闻或社交媒体上的发言让你扫兴等），于是你发现就算花钱也无法获得相应的满足。

　　花在偶像和兴趣爱好上的预算不是一笔小钱，正因为如此，重要的是不断问自己，花出去的钱有没有买到足够

的满意。

💲 大致不超过实际收入的 10% 就没问题

家庭收支情况调查年报显示，一个家庭有超过两个人工作时，平均每个月的娱乐和应酬费用占消费支出的13.2%。粗略看来，这部分支出**"不超过实际收入的 10%就没问题"**。虽说如此，如果有其他家人，就要考虑所有人的娱乐和应酬费用支出不超过 10%（包括家庭旅行等消费在内）。

就算超过了实际收入的 10%，只要能够确保在其他方面削减支出也没问题。因为如果能够坚持削减饮食和服装开支，确保偶像和兴趣爱好的预算，就能保证整体平衡。

另一方面，如果在偶像和兴趣爱好上的支出超过了实际收入的 25%，就会对其他部分的支出产生较大影响。不吃不喝也要为偶像花钱未免太过分，请大家想一想自己能够接受的预算，思考如何在预算范围内充分享受追星（兴趣爱好）的乐趣。

04 | 可以将家务外包，购买高额家电吗？

💲 家庭清洁、家政服务的性价比不低！

近年来，越来越多的人会委托外人来清洗空调、厨房、浴室等，而且扫地机器人、洗衣干燥机、洗碗机等方便的高额家电也受到了关注。

不过也有不少人持否定态度，认为"不应该在本该自己做的清洁等家务上花钱"，认为"自己能做的事情不需要买昂贵的家电"。

为了把空调、厨房、浴室打扫得干干净净而花费数万日元，看起来确实不划算，因为如果自己动手就不需要花一分钱。方便的家电往往会因为使用了新技术而价格昂贵，甚至有的需要超过 10 万日元，所以我能理解大家认为没必要划出这部分预算的心情。但是从宏观上考虑，这样一大笔支出或许是合理的。

洗碗机、扫地机器人等
高额家电效果也很好!

	自己做	委托专业人士
自由时间增加	·喜欢家务,不觉得做家务辛苦,擅长做家务的话没问题 ·可以通过杂志和网络学习做家务的窍门,提高质量! ·因为没有花钱而得到满足 ·疲劳也是成就感的一部分!可以减肥!	·有更多的时间和家人相处、休息 ·清洁质量令人满意 ·根据需要尝试购买"专业能力"。利用外带食品、外卖、家庭清洁等
自由时间减少	·有时就算累到筋疲力尽,也无法得到满意的结果 ·无法达到专业水平 ·花时间 ·因为忙碌而没时间做家务	因为想不出花了钱还会导致自由时间减少的情况,所以这一格空缺

试着想一想平均每一天的
成本其实并没有太高?

考虑这个问题时，四宫格的横轴是"自己做／委托专业人士（机器）"，纵轴是"花费的时间"，二者呈二律背反关系。

如果自己动手，确实能够完成清扫等家务工作，但是不仅花时间，而且质量往往难以令人满意。如果委托给专业人士或者利用家电，就能获得更多自由时间以及更好的家务质量。

据说年收入越高的人越倾向于选择家务外包，以及在高额家电上花钱。果然人们只要有余力，哪怕需要花钱也愿意买到更多自己的时间。

我希望大家思考的情况是，就算年收入不超过1000万日元，也希望有更多自由时间的普通家庭。

我认为每年使用一次或者几次家政服务，购买能够持续使用多年的方便家电，都是性价比高的选择。请过专业家政服务的人就会明白，他们能在短时间内完成外行达不到的高质量家务。如果一家人在年末大扫除时做同样的工作，不仅要花半天以上的时间，每个人都累到筋疲力尽，而且质量有时并不尽如人意，还会积攒压力。可见花几万日元请家政服务很划算。

10万日元的扫地机器人如果可以连续五年在家里没人时清扫房间，性价比应该会超过使用时需要人亲自操作的机器。每天的成本只有27.4日元，而且让扫地机器人在家里没人的时间里工作是最聪明的办法。

　　餐具烘干机同样如此。它可以在清洗餐具后烘干，用时短且效果显著。在餐具烘干机工作时，你可以和家人一起聊天，一起看电视。

Ⓢ 可以认为这是在花钱减轻压力

　　很久以前，人们就谈论过同样的问题。有人认为洗衣服是女性的工作，不应该买洗衣机来解放女性，女性就应该用洗衣板辛辛苦苦地手洗衣服。反对使用洗碗机的人也带着同样的想法。

　　如今配餐服务很流行，人们收到切好的食材后可以立刻做好一顿饭，考虑到这项服务可以将"思考菜单→去超市买菜→剩下的蔬菜变成厨余垃圾很可惜"等一系列过程变得高效，使用这项服务并不会浪费钱。

　　我认为大家可以尝试多多利用类似的高效服务。

05 | 大家都说"不要存钱要投资"，我却因为害怕亏损而不敢投资

💲 你害怕投资造成亏损吗？

有一种说法是"不要存钱要投资"，**日本一直在推进把国民储蓄用于投资的政策，**NISA 和 iDeCo 就是其中之一。因为国家不能强制人们投资（股票投资、信托投资基金等），所以会用税收优惠等优势诱导人们将资金用来投资。

另一方面，既然是投资，自然有亏本的可能。尽管中长期投资有可能获得较高的利润，但是依然会有人因为害怕亏损而不进行投资。短期投资常常会出现20%~30% 的亏损。

下面我将用四宫格来比较人生中会出现的各种损失。出乎意料的是，投资导致的损失或许并不可怕。

可以考虑用可接受范围
内的金额投资，以求在
中长期增加资产

	投资之外的损失	投资损失
有可能挽回	· 在网店或者自由市场出售。比如游戏、服装等 · 几乎无法卖出比购买时更高的价格，会造成损失	· 长远看待"投资"，盈利的可能性非常高 · 经济在长期范围内呈增长状态（在大约140年里增长了548倍！） · 就算暂时亏损，也可以选择等待盈利
无法挽回	· 基本上，购物时的失败无法挽回。比如食品、点心、外出就餐、看电影等 · 要避免购物时的失败 · 出现一定损失也没有办法	· 短期投资可能会出现亏损 · 如果在下跌时卖出，就会确定产生亏损 · 如果使用外汇投资等手段，甚至有可能损失所有本金

日常生活中的"损失"尽
管无法挽回，但金额较小

不只是投资（股票投资、信托投资基金等），日常生活中也经常会出现损失。比如，"这部电影选错了！不值得看！我看了一半就想离开"，"这款新品点心不好吃，亏了"……这种类型的支出无法挽回，属于"投资之外的损失，无法挽回"。

最近网上出现了一些二手交易平台，因此服装等商品就算买得不合适也可以卖掉，能够挽回一部分损失。但毕竟不可能以原价卖出，因此属于"投资之外的损失，有可能挽回"。

"投资损失"中，在下跌时卖出就会确定产生亏损，属于无法挽回的损失。顺带一提，如果在亏损 10% 的情况下卖出，就算重新买入并在上涨 10% 后卖出，也无法挽回所有损失（100 元减少到 90 元后，就算增加 10% 也只能回到 99 元，再加上交易手续费，实际到手的金额比 99 元更少）。

大家或许会认为投资造成的损失确实无法挽回，然而实际上投资造成的损失有可能挽回。尽管股价会在短期内上下浮动，但是由于经济在长期范围内呈增长状态，所以股价恢复的可能性很高。

⑤ 市场在长期范围内不断成长

日本现代证券交易所的历史超过 140 年，根据明治大学研究项目的计算，历史股价指数竟然增长了 548 倍，远远超过其间物价上涨的比例。

然而历史上发生过好几次 20%~30% 的下跌，比如 20 世纪 70 年代的石油危机，21 世纪初的美国次贷危机等。尽管如此，**经济依然一次次恢复和增长，总体呈现成长（上升）态势。**

股票、信托投资基金价格比购买时低的状态叫作"账面损失"，在经济危机时期容易出现这种状态。可是只要不急着用钱，就可以不卖出，等待经济恢复，账面损失的部分很有可能自然消失。

只要能让时间成为伙伴，就不需要担心亏损。

💲 债券、信托投资基金不会变成废纸

对投资的担忧中,有一种担忧是"重要的钱成了废纸",也有人担心会因此负债,这些人是电影或电视剧看多了。

首先,要坚持**"不借钱投资"**的原则。在此基础上,投资的方式决定了你用来投资的钱会不会变成废纸。债券、信托投资基金等肯定不会变成废纸。几乎所有股票无论跌到什么程度,至少可以用半价全部卖出。

但是,**如果你的资产归零,是因为你用来赚钱的方式不是"投资"而是"投机"**,也就是类似于赌博的方式。

零和游戏是"投机"，
要尽量避开！

零和游戏与正和游戏之
间有巨大的区别！

	只有一方能够赚钱（例: 外汇投资）	大家都能赚钱（例: 股票）
你赢	· 你的胜利意味着有人失败 · 有必要九死一生地赚钱吗? · 就算今天赢了，也无法保证明天依然能赢	· 能够同时达到社会发展、公司成长、投资家赚钱的目的 · 所有参与投资的人都能赚钱
除你之外的人赢	· 你的失败意味着有人获胜 · 你的钱会轻易打水漂 · 对资金充足、专业的人有利	· 因为短期亏损而放弃投资的人最终成为输家（确定损失） · 坚持不卖出，或许会迎来转机

027

四宫格的横轴表示"投机 / 投资",或许二者的目的都是赚钱,但需要承担的风险和赚钱方式不同。

投机基本上是零和游戏,因此一部分人的利润和另一部分人的损失加起来为零。考虑到手续费,或许实际上总和为负。外汇投资和比特币交易属于零和游戏,而且美元交易本身并不会产生新的价值。

投资通过发售股票、债券促进社会发展。国家通过债券筹集资金,调节社会资本。公司通过发行股票,用筹集的资金开发、销售新产品,让社会变得更加富足。结果公司得到了成长,你也收到了分红和利息,可以在股价上涨后卖掉获得收益。

这种投资方式可以叫正和游戏。**用投资的方式,运用资金让整体利润上涨。**零和游戏与正和游戏乍一看相似,**其实具有本质上的区别。**

💲 不要投机,要投资

最近,杂志和网络上的广告将外汇投资和比特币等虚拟货币交易称为"投资"。有人选择外汇投资作为初次投资方式。从外汇投资开始非常简单，可是虽然这种形式的"资产运用"被称为"投资"，其实本质有些不同。

外汇投资中投入的资产有可能归零（你的损失会让国外的专业人士赚到钱），而在股票、信托投资基金中投入的资产不会突然归零。

外汇投资的广告之所以多，是因为从业人员很赚钱。**与其勉强自己选择外汇投资这种"投机"方式，结果损失惨重，不如选择"投资"。**

投资更方便管理。如果选择外汇投资，或许你只是睡了一觉，汇率就发生了剧烈变动，导致你的资金突然消失，而投资就不需要担心这种事情。

请把你的钱用在正和游戏上吧！

07 | 不要购买金融机构推荐的产品

$ 从"金融机构的利润"的视角出发思考

假设本地的商店街里有一家蔬果店，店主是你熟悉的大叔，人很好。当你看到一排排蔬菜不知道该买什么的时候，会问问他今天推荐什么吧？店主会给你提供各种建议：哪种蔬菜便宜，哪种蔬菜现在吃正当季，等等，或许有时候还能打折。

在金融机构咨询时，似乎也会发生同样的事情。当人们不知道该选择什么投资产品时，往往会问问金融机构的推荐产品，但是情况和蔬果店并不一样。我希望大家明白，放弃自己思考，向卖家征求意见在购买金融产品时尤其减分。原因是什么呢？

听到推销产品的话术时,要从"自身利益"和"金融机构的利益"出发来思考

	金融机构的利益较少	对金融机构有利
对顾客有利	· 虽然希望优先考虑顾客,但是金融机构就赚不到钱了 · 向金融机构征求意见时不会得到这种结果	· 买方(我们)和卖方(金融机构)都能赚钱 · 扩大市场,即使是低成本的产品也能让双方获利
顾客的利益较少	· 不会出现双方都不获益的情况,所以基本上不成立	· 没有优先考虑顾客,这种推荐方法有问题 · 一部分金融机构经常使用这种推荐方法,要当心!

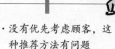

不要把金融机构的员工当成"好人""认真的人",要把他们当成"有销售指标的员工"

通过四宫格的两条轴可以清楚地看到，**因为我们站在"顾客"的立场上，所以只有接受"对顾客有利"的意见才有意义。**

金融机构不会提供让自己赚得少而且对顾客没有好处的建议，因此基本上可以排除这种可能性。还剩下三种情况。

理想情况是既"对金融机构有利"又"对顾客有利"。可是兼顾二者很难，基本无法顺利达成。

剩下的两种情况是"自己赚得少，但是对顾客有利"，以及"自己赚得多，但是顾客的利益较少"。两种情况正好相反。

这时，金融机构本来不应该提出"让自己赚钱但是顾客得不到利益"的建议，因为这种建议没有把顾客放在第一位，然而很多金融机构会优先考虑自身利益。某金融厅的报告指出，**"金融机构有可能无视顾客的利益，销售手续费占比高的产品"。**

当我们让金融机构的员工推荐产品时，相当于给他们出了一个难题，他们能否在明知"对顾客有利但是自己赚得少"的情况下提供最佳建议呢？

⑤ 金融机构的员工也是有销售指标的员工

金融机构的员工往往会得到社会的信赖，被认为是"好人"，**但他们也有作为"有销售指标的员工"的一面。**

在我们看不到的地方，分店会贴着写有"目标是信托投资基金销售额达到千万日元！"的标语，有销售目标达成情况表，等等。确实有的员工会认真为顾客着想，给出最好的建议，可是遇到这种员工只是幸运。

话题回到开头，为什么在商店街的蔬果店里可以听店主的推荐，是因为食品等产品与金融产品有巨大的差异，比如是消耗品（吃完就没有了），有销售期限（蔬菜会坏），金额非常小（就算受骗也只有几百日元，可以轻松尝试）。

在蔬果店可以听从推荐购买产品，但是在金融机构不能听从员工推荐产品。**如果你承认自己是投资新人，就相当于特意坦白无论对方推荐什么样的产品，你都不具备分辨能力。**

08 | 投资要从 100 万日元还是 100 日元开始?

💲 人们常说没钱投资……

日本政府主导提出了"国民资产收入倍增计划"的说法,人们最先做出的反应是:"平民才没有钱拿来投资。"

很多人有一个模糊的印象,认为"投资至少需要100 万日元"。大家知道实际上有多少钱就可以开始投资吗?

如果是能够进行小额投资的信托投资基金,那么每次只需要 100 日元就可以购买(不同金融机构的最低金额不同)。应该没有人在投资上连 100 日元都拿不出来。

其实越害怕投资的人,从小额开始越合理,初次投资只需要用零花钱就好。

抛弃"投资至少要 100 万日元"的刻板印象。新人要从小额投资开始!

	投资经验少	投资经验丰富
投资金额多	· 危险! 不要勉强! · 相当于刚拿到驾照就在高速上狂奔 · 如果市场暴跌, 就会陷入恐慌	· 根据风险和熟练程度, 逐渐增加投资金额 · 如果经验增加能够伴随资产增加, 就不会再害怕投资
投资金额少	· 新人才应该从小额投资开始 · 信托投资基金可以从小额投资开始 · 刚开始不需要"100 万日元", 只要"100 日元"就好	· 如果希望安全运用资产, 可以选择小额投资 · 靠养老金生活的人可以选择"虽然资产丰厚, 但用少量金额投资"的方法

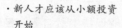

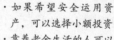

晚年选择这里, 不需要承受高风险

如果只考虑能赚到多少钱，那么投资金额越多越有意义。同样是 10% 的利润，投资 100 万日元当然比投资 1 万日元赚得更多。可是投资时需要考虑的是："如果不顺利该怎么办？"

明明投资经验少却投入了大量金额的话，就会陷入"害怕投资"的模式。股市每天涨跌 1% 的情况并不少见，如果第一次投资就投入 300 万日元，看到每天 3 万日元的变动幅度，一定会害怕到不敢继续。

另一方面，经验丰富的人就算投入大量金额也不会焦虑。就算投入 1000 万日元，涨跌幅度达到了 3%，经验丰富的人也能够不以为意。这些人能够理解有可能出现涨幅 3% 的情况，因此能够保持泰然自若。**经验会带来冷静和从容**。结论就是**投资新人最好从小额投资开始积累经验，慢慢提高水平就好**。

⑤ 从小额投资开始，逐渐积累经验和余额吧

就算我们明白从小额投资开始是合理的判断，依然会想要投入大量金额。

理由之一是金融机构的销售会暗示顾客大量投资。金融机构的销售人员在一天之内拉到 100 万日元的投资或者拉到 1 万日元的投资，销售额和效率都大不相同，因此他们当然会推荐顾客购买 100 万日元的产品。

你并不需要因此配合销售人员。为了避开销售人员，我推荐投资新手选择在网上买入证券。

正因为经验尚浅，才需要用小额投资体验涨跌的过程，逐渐习惯投资的可怕之处。**如果同样要经历 20% 的跌幅，在投资 1 万日元时经历更好。**这样一来就算跌了 20%，也只会损失 2000 日元，当成"损失了喝一顿酒的钱""损失了一件衣服的钱"就能想开。

不断积累经验，每个月坚持投资 1 万日元，10 年后，你就会成为老练的投资家，无论市场上涨还是下跌都能接受。如果到时候你能够完成数百万日元的投资，你的投资就会稳定从容。

09 | 为什么绝对不能碰号称"安全、可靠、高回报"的投资

$ 选择低风险、低回报还是高风险、高回报

我们都希望投资时尽量不亏本。如果像银行存款那样"安全可靠"就太好了。尽管银行在破产时也会出现还款问题，不过基本上能够保证安全可靠，并且能获得利息（银行破产时，1000万日元以下的本金及利息会受到保护）。

另一方面，股票投资和信托投资基金等投资方式则有可能亏本。因为在股价大跌时，投资的金额会贬值，造成亏损（从中长期来看，则很有可能获得比银行存款更高的利润）。**如果有"安全、可靠、高回报"的金融产品自然是最好的选择，不过可以说这种产品都是在骗人。**为什么"安全、可靠、高回报"是骗人的呢？

每年都会发生嫌疑人因为
诈骗被捕的事件。
你不要被骗了!

	安全可靠	不可靠
高回报	·大家都想要 ·诈骗正是看准了这一点 ·现实中并不成立	·因为风险高,所以有可能获得高回报。 ·比如股票投资、信托投资基金等 ·风险不同,利润多少也会有所不同 ·无法避免亏本的可能性
低回报	·几乎没有亏本的可能,相对的回报较低。银行存款等	·明明高风险却低回报的产品没有人想要,因此不成立

权衡关系

四宫格中有两项不成立。首先是**"不可靠且低回报"**
的金融产品不成立。因为本来就有安全可靠低回报的产
品，比如定期存款等，所以不会有人特意追求高风险很
可能亏本而且低利润低回报的产品。

另一项不成立的是**"安全可靠高回报"的产品**。在
对此进行说明前，我首先为大家说明能够实现的两项
产品。

"安全可靠低回报"的产品中有银行存款。要想保
证安全可靠，就没办法保证高回报，所以银行存款之类
的产品是安全可靠低回报的。

另一项是"不可靠但高回报"。普通的投资（股票
投资、信托投资基金）有一定风险，放弃了安全可靠的
优势，于是有可能得到高回报（虽说如此，就像前文中
介绍的那样，从以数十年为单位的长期时间段来看，股
票投资、信托投资基金的利润都比银行存款的利润高）。

⑨ **"安全可靠高回报"不成立**

最后是关于"安全可靠高回报"的内容，这一项并

不成立。每年都会发生从业者卷数十亿到数百亿日元的资金逃跑的金融诈骗案，利用"安全可靠高回报"这种虚假的金融产品诈骗的方法叫作庞氏骗局，也就是金字塔骗局。

用第 2 期募集的资金给第 1 期募集的客户分红，用第 3 期募集的资金给第 1 期、第 2 期募集的客户分红。只要持续募集资金，就算没有实体也能伪装出高回报的假象。**当然，这种手段不可能长久，**诈骗者拿到了满意的钱后就会卷款潜逃。

就算后来发现也为时已晚，当你看到新闻时，钱已经几乎全部拿不回来了。就算你以为新的金融产品能够实现"安全可靠高回报"，但那只不过是虚假的销售话术罢了。

就算有人向你鼓吹"安全可靠高回报"，也绝对不能出手。因为用四宫格整理思路后就会明白，并不存在这种可能。

10 | 就算理解了重要性，依然会拖延的人需要做的事

💲 关于钱的问题往往容易被拖延

就算别人对我们说"要存钱""要开始投资""要记账"，而且有很多人明白这样做更好，但实际采取措施的人会少很多。

分析研究人类心理和金钱问题的学科叫作"行为金融学"，关键词是"现状偏好"。简单来说就是人们**"在心理上倾向于忍受现状，很难着眼于未来"**。就算道理都懂，但人就是无法采取合理的行为。

虽说如此，**我们不应该维持不合理的状态度过数年之久**。为了向未来踏出一步，让我们尝试整理出四宫格。

行动力强的人在一年间就能拉开数十万日元的差距!

	没有立刻行动	立刻行动
有了解、有兴趣	· 有知识但不采取行动的人无法改变任何事 · 无论说得多好听,有多少知识,只有采取行动才能带来收益 ×	· 最强的是"学习后立刻采取行动的人" · 在学到知识后立刻使用iDeCo 和 NISA、记账应用程序等工具的人,资产能够增加 ◎
不了解、没兴趣	· 因为不了解而不采取行动的人 · 因为"不了解",所以无法采取行动 ×	· 就算不了解,采取行动的人也比不采取行动的人好 · 总而言之,立刻采取行动的人收益更高 · 知识只要边行动边了解就好 ◎

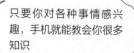

只要你对各种事情感兴趣,手机就能教会你很多知识

选择零存整取定期存款、开设证券投资账户，几乎所有金钱问题中，**最关键的都是"第一步"**。选择记账应用程序时，"知道哪种应用程序好"和"搜索应用程序并下载"之间都存在巨大的差异。

我做过很多演讲，常常在最后说的话是**"理解很重要，但执行更重要"**。无论我说了多少有用的话，无论听众多佩服我，**都不会让他们的钱包鼓起来**。

在听了我的演讲后，大家必须采取某种行动。设定好记账应用程序，办理零存整取定期存款的手续、开设证券投资账户和 NISA 账户等，任何事情都可以，只要能踏出第一步，就能开始着手解决金钱问题。

可是没有踏出第一步的人就算知识都在脑子里，资产也无法增加哪怕 1 日元。明白"iDeCo 有税收优惠，还很适合为养老积攒资产"却不加入的人与立刻加入的人，资产在一年后就会出现数十万日元的差距。

⑤ 现在放下这本书也没问题，请大家尝试三种行动

迈出"第一步"需要的是"一鼓作气"。哪怕要放

下其他一切事情，也要立刻搜索申请所需的材料，设定应用程序。

比如在网上订购加入 iDeCo 所需的材料套装，就会离加入更近一步。只是用手机搜索"iDeCo 对比"了解各家公司的申请资料，就离开设账户更近了一步。记账应用程序同样如此，这些事情都只需要一部手机就能完成。

无论如何都没办法立刻采取行动的人只需要在手机里留下一张"待办事项笔记"（to do 笔记），就能督促未来的自己采取行动；还可以利用提醒功能给一周后的自己发送弹窗信息。不过这些方法并不保险。

最好的做法还是"现在立刻"采取行动。现在正在阅读本书的人，请在这一页加上书签，**采取以下三种行动吧**。

① 设定记账应用程序（包含关联账户）

② 设定零存整取定期存款（如果需要可以开设银行账户）

③ 开设证券投资账户（发送资料申请 NISA 和 iDeCo）

只要完成初期设定，就能开始自动记账、自动积累资产，**之后不需要费工夫管理**。

第一步可以在一年后形成数十万日元的差距。我再说一遍，请在这一页夹上书签去办理手续吧。

专栏 1

"御宅族"理财规划师"愉快的消费方式讲座"

我是"御宅族"理财规划师山崎俊辅。在章末专栏里，我想告诉大家愉快的理财方法（不是节约或者存钱）。

我坚持认为在兴趣爱好上花钱没问题。人们往往容易将理财规划师当成帮助人们减少支出、削减预算的工作，但我认为否定在兴趣爱好上花钱是不对的，因为兴趣爱好能够成为生活的意义。问题在于适度。

请大家尝试将自己的兴趣爱好写在一张四宫格里吧。纵轴是"单人活动/集体活动"，横轴是"室内/室外"。填好这张四宫格，你就会成为优秀的、有兴趣爱好的人。

有的兴趣爱好会横跨两个格子。比如我的兴趣之一逛街，既可以是"单人活动"也可以是"集体活动"，因此可以填在两个格子里。单独活动、集体活动、室内、室外是平衡兴趣爱好的关键。

请大家培养众多兴趣爱好，度过充实的人生吧！

Chapter 02

当你不得不做出
人生决定时

🪙 人生有几次不得不做出重要决定的时刻

在本章中，**我希望大家想一想不得不做出人生重要决定的场景。**

换工作、结婚、生孩子、买房……在各种人生转折点，很多时候都需要我们自己经过深思熟虑后下决定。

或许上学时感触不深。走上社会后，我们在人生中独自做出的决定会直接反映在自己的生活中。找工作就是最初的决定之一，要认真思考今后的职业发展和人生规划。自己做的决定会深刻影响我们的人生。

这种决定并不是每天都要做，但我们确实"偶尔"需要做重要的决定。

在这种情况下，以什么样的内容为标准，更容易做出影响人生的决定呢?

本章将用两条轴的四宫格尝试思考这些问题。

💰 人生大部分决定同样是"关于金钱的决定"

人生中的重要决定大多是"与金钱有关的分岔路"。

决定买房时,在大部分情况下,需要利用住房贷款,然后花上几十年时间来还贷款。

买房时,我们需要考虑购买什么价位的房子,用什么样的条件利用住房贷款,在此基础上直接面对事关数千万日元以上金额的决定。

如果你被"梦想中自己的家"这种甜蜜的销售话术诱骗,问题就严重了。

买房是典型的"人生的决定等于金钱的决定"的人生大事。

结婚的决定同样不仅仅是爱与幸福的问题,还需要考虑"两人共同管理家庭收支,安排日常生活"以及"如何综合两人的收入和价值观,设计属于两个人的未来",这些正是关于金钱的问题。

我们在做决定时，有必要理解人生的决定就是关于金钱的决定，而且会对未来产生深刻的影响。

💰 确定、整理自己"所处的位置"

站在人生重要的转折点，很多人会感到苦恼。

这时，可以用四宫格整理眼前的状况，确定自己所处的位置；而且不仅能够看到"自己倾向选择的选项"，还能考虑到"自己能够做出的其他选择"。

于是**我们能够认真考虑自己的决定是否令人满意，是否有余力做出更好的选择。**

如果我们看到其他选项更有可能改善目前的状况，**就能避免做出草率的决定。**或许可以稍微等一等，专心做好准备后再做决定。

比如买房。卖家往往会催促买家："你如果现在不立刻决定，就会有其他人来买了。"

然而正是在这种时候，冷静下来，用四宫格确认自己所处的位置，思考如何做出更好的决定才更重要。

你可以选择不买正在看的房子，再攒攒首付，看看更多房子。

　　下面让我们来看看具体的人生重要决定吧！

💲 应该跳槽吗？基本上根据"年收入"判断就好

我们在人生中会有好几次为是否跳槽而烦恼。如果你的年收入迟迟无法增长，跳槽后有可能增长的话，基本上可以挑战跳槽。

另外，如果对工作内容不满意，对职场环境（人际关系等）不满意，考虑跳槽也有充足的动机。只会说些漂亮话，表示会采取改善行动，最终却不采纳员工意见的公司还是早早离开更明智。

我们有时也会犹豫要不要跳槽，觉得现在这样也挺好。

面对这个问题，让我们为烦恼的人们多想一想。

用四宫格来考虑跳槽的可能性是这样的感觉。

只要年收入增加,
两种选择都没问题

	留在现在的公司	跳槽
年收入增长	· 就算不跳槽,工龄长了年收入也会上涨 · 年收入有望增长多少(查看薪酬规定) · 现在的公司发展前景如何?	· 在认可自身能力的公司工作很开心 · 去发展前景好的其他行业有可能实现年收入的大幅增长 · 拥有的资格证能够提高公司对你的评价
年收入不变	· 选择稳定 · 满足于现状(年收入、职场环境、工作内容等)	· 尝试挑战不会没有意义 · 只要不是黑心企业就行(例:不用加班,可以从事副业等) · 能够专注于自己想做的工作就好 · 能够积累经验

既可以选择再次跳槽,也可以在跳槽后的公司积累经验

四宫格是按照**"年收入变化"**和**"是否跳槽"**两条轴来设定的，需要避免的是"跳槽后年收入依然不会增长"的选项。可是**如果职场环境更好（如果加班都能拿到加班费，就算年收入相同，也相当于有所增长）；如果能够专注于自己想做的工作，跳槽后维持原本的年收入也可以接受。**

如果年收入能够增加，无论在现在的公司继续工作还是跳槽，基本上都没有问题。区别在于：采取行动跳槽到另一家公司更有可能获得成功，还是不采取行动留在目前的公司更有利。

相反，需要避免的是"留在现在的公司，年收入却没有增长"。如果跳槽只是想想而已，最终选择了稳定，职业经验却没有增长的话，你会为没有采取行动跳槽感到后悔。

$ 看看现在公司的前辈的情况，查看薪酬规定

只是简单地整理出四宫格，或许就能够客观地看待跳槽和留在现在的公司这两种选择。可是**如果不跳槽，**

就不会知道你在其他公司会得到什么样的评价。你很有可能在跳槽后的公司获得好评。安装帮助人们跳槽的应用程序，查看符合自身经验的年收入水平，就能了解自己是否有机会挑战跳槽。

有一定的职场经验和工作技能的人，如果能够提供几个很有含金量的资格证，往往能够提高年收入。

另一方面，你应该能够看出"留在现在的公司是否得不到成长"。因为这是你正在工作的公司，所以你比外人更了解内情。可以看看前辈的情况，检查薪酬规定，看看升职后加薪的幅度。

如果在现在的公司可以升职加薪，那么你能够升到什么程度？年收入能够增加到多少？只要能够了解这些情况，就能判断是否要挑战跳槽。

跳槽和留在现在的公司，哪一种选择对自己有利，四宫格应该能帮助你做出判断。

02 | 从金钱的角度看对方适不适合结婚

$ 结婚之后要面对的是现实生活

交往中，大家会努力向对方展示自己的优点，能够压抑对彼此的不满。可是一旦结婚，双方就会暴露各自的真实生活，必须面对现实。为了避免出现"没想到他/她是这样的人"的情况，**应该尽可能在结婚前看清对方**。

请大家想一想交往时允许对方给自己带来什么样的感受，**我希望大家格外注意的是金钱观**。只要相处一段时间，就能在一定程度上看出对方对金钱的态度，知晓对方消费是否有计划性等。

为了看清对方适不适合结婚，可以尝试用下面两条轴表示。

关键在于"对共同工作的理解"和"家务育儿"。

共同承担家务育儿，或许可以提高夫妻整体的年收入

	一方不做家务育儿工作	共同承担家务育儿工作
双方都有工作	· 一方妻子（丈夫）很辛苦 · 如果丈夫（妻子）的收入不高，养不起妻子（丈夫），妻子（丈夫）越来越不满，或许会导致离婚	· 共同承担家务育儿工作，能减轻双方的负担 · 夫妻双方一辈子的年收入会以"亿"为单位增加 · 就算一方的年收入下降，只要还有另一方在，就能降低家庭经济风险
一方有工作	· 传统的全职主妇家庭，只要夫妻双方都能接受就没问题 · 丈夫（妻子）的年收入下降时风险较大 · 一旦辞去正式员工的工作专心育儿，等育儿的工作结束后就很难再就业	· 就算一方没有工作，另一方也能分担家务育儿工作的丈夫（妻子），很宝贵！ · 年收入下降时风险较大 · 请一定要向双方都成为正式员工的方向努力

男女双方都要尽量避免结婚离职或者怀孕离职

如今这个时代，几乎所有成人女性都会去工作，其中正式员工也不少。但现实情况是，因为生孩子和育儿离职，或一段时间无法工作后转为非正式员工的情况同样很多。

工作和育儿确实很难兼顾，所以我理解女性的心情。这时重要的是丈夫要"承担家务育儿工作"。如果女性因为承担了太多工作、家务、育儿的责任而导致无法继续工作，只要男性能认真分担，应该能够解决困难。

从收入计划的角度出发，双方共同工作的价值能超过一亿日元。哪怕只是单纯累计工资和奖金，双职工家庭与只有一个人工作的家庭都会拉开将近一亿日元的差距，如果再加上退休金、晚年的养老金，又能分别拉开数千万日元以上的差距。

不会出现"因为工作忙，没时间做家务"的情况。丈夫承担家务育儿工作是最适合大幅增加"夫妻总收入"的方法。

💲 **就算男性有从事家务育儿劳动的意识，重要的依然是"行动"**

女性在结婚、生产时辞去工作需要决心，男性做家务育儿工作也需要决心。这个问题看似简单，其实未必。

现实问题是很多年轻人具备家务和育儿基本上应该双方共同承担的意识，调查结果很有希望。

然而实际情况并非如此。现实是同样需要工作的妻子每天比丈夫花在家务育儿上的时间多好几个小时。与其说是因为妻子的工作时间短，所以家务育儿的负担更重，不如说是因为妻子只能从事时间短的工作，否则时间不够用。

不加班；利用远程办公方式分担家务育儿工作；增加工作日做家务和育儿的时间（不能只在周末做）；需要的话可以购买洗碗机等家电……男性能做的事情有很多。如果男性的公司总是在下午 6 点开始开会，我甚至会建议他们换工作，因为这说明公司高层的想法还没有转换过来。

即将结婚生子的年轻人们，请你们明白夫妻共同工作、共同育儿能够让夫妻总体的经济水平更加富裕。大家最好在结婚前确认好对方能不能和自己共同分担家务。

03 | 结婚前要不要确认双方对"金钱"的价值观?

💲 **确认双方日常生活的标准,对浪费的概念等**

说到结婚前需要确认的点,**其中之一就是"价值观"**。如果双方价值观中有致命的错位,那么婚姻生活就不会顺利。很喜欢喝酒的人和讨厌酒味的人在一起时间长了就会出现矛盾,爱干净的人和不擅长整理的人之间也会遇到问题。

起决定性作用的是金钱观。日常生活标准,对浪费的概念,对未来的规划,等等,如果不能达到一定程度的共识,婚姻生活就不会顺利。

我用四宫格尝试分析了大家购买高价服装、兴趣爱好消费等"奢侈品和兴趣消费"以及用于日常生活的钱等"日常生活费"开支。

	奢侈品和兴趣消费不一致	奢侈品和兴趣消费一致
日常生活费一致	·提醒对方不要在兴趣爱好上花太多钱 ·通过交流，彼此调整奢侈品的档次，花在外出吃饭和服装上的费用等 ·日常生活没有问题	·只要双方注意不要过度消费，就是理想的关系 ·在金钱上没有矛盾，是夫妻关系和睦的秘诀! ·以此为目标磨合价值观
日常生活费不一致	·结婚前，有必要磨合价值观 ·结婚后，通过交流逐渐调整，克服困难 ·贷款和赌博这两件事很难妥协，可以认真讨论分手	·从长久来看，日常生活的消费水平不一致容易积攒压力 ·因为每天都要消费，所以产生不满的机会多 ·可以通过交流寻找解决问题的契机

勤俭节约的人和铺张浪费的人关系很难长久，需要彼此磨合

在这个问题上，铺张浪费的人不会太在意，不得不忍耐的人容易产生压力，对双方不公平，因此如果你是产生压力的一方，就需要尽早采取措施。

两条轴上的价值观都一致是最好的结果，不过至少要保证**"日常生活费一致"**。如果不能调整的话，就会导致一个人在买肉和牛奶时为 10 日元而斤斤计较，另一个人却能心安理得地购买价格高出 100 日元的产品。因为有的人只是不知道节约，所以**"培养对方的金钱观向自己靠拢"**也成为交往时的重点。

就算优先顺序向后放，"奢侈品和兴趣消费"方面的差异也需要考虑。两个人一起出门旅行时，酒店的档次和在旅行目的地使用的金额如果不能保持一定程度的一致，两人的关系就无法长久。

双方花在单独活动的兴趣爱好上的预算同样如此。如果一个人每个月在手机上花 3 万日元，另一个人每个月只在兴趣爱好上花 1000 日元（以喜欢读书为例，可以全部从图书馆借）的话，总有一天会产生冲突。

ⓢ 最好从一开始就看清对方有没有贷款、是不是赌博

如果是能够通过交流逐渐改变、彼此磨合的问题，那么我希望好不容易彼此喜欢、走进婚姻的夫妇能够共同修正轨道，克服困难。

可是有一些金钱方面的问题很难克服，其中之一是"能若无其事贷款的人"。因为虚荣而用贷款弥补资金缺口的人，需要伴侣承担连带责任共同还债。如果对方随便使用信用卡或者利用消费者金融借钱，只会增加夫妻双方负债。

另一个问题是"赌博成瘾"。尤其是那些输掉后会上头，结果赌上所有钱的人，很难戒掉赌瘾。

如果你在结婚前遇到这两种人，无论对方的年收入多高，长得多好看，都应该认真考虑分手。如果结婚后才发现，请认真考虑选择离婚，或者陪伴对方进行彻底的治疗。

💲 女性的一大烦恼是："什么时候生孩子？"

对于女性来说，"生孩子"在某种意义上是比结婚更重要的决定。生不生孩子是一项重大的人生选择。在此基础上还有一个实际问题，那就是在何时生孩子。

虽然生孩子的年龄不一定能够计划，但很多人会把这个问题作为人生规划。

女性把"什么时候生孩子"作为考虑人生多样性的关键词，这个问题对女性来说正在向好的方向发展。产假、育儿假制度正在完善，保育所增加，待机儿童①逐渐减少。社会在为解决这个问题而努力。

---

① 待机儿童：日本将"入托难"问题中涉及的幼儿称为"待机儿童"，指需要进入保育所，但由于设施和人手不足等原因只能在家排队等待空位的 0~6 岁儿童。

充分利用产假、育儿假制度和短时间工作，坚持留在职场是更好的选择

	晚生	早生
继续工作	· 选择不浪费努力完成的事业 · 可能需要同时育儿和照顾老人，比较辛苦 · 能够比年轻时更从容地育儿	· 对经济规划有利 · 能趁着体力好的时候育儿 · 40岁以后能够获得自由，有可能增加自身的选择
暂时辞职	· 如果自身的优势和资历已经稳固，比较容易重回职场 · 如果在30~40岁暂时辞职，在育儿工作告一段落后很可能无法从事同样的工作	· 如果自身缺乏优势和资历，就很难重回职场 · 年轻时容易重新开始工作

也可以在育儿时努力考取资格证

不过"金钱问题"依然存在。生孩子后必然有一段时间无法工作。考虑到职业生涯中断的情况，女性们会有所担心。

事先厘清"金钱问题"，可以在生孩子时利用健康保健制度得到生育津贴。从预产期前42天到生产后56天，女性在休假期间能够拿到2/3的月收入，而且这部分收入不用交税，不用交社保，所以收入并不会大幅减少。

另外在育儿期间，失业保险会支付育儿假补贴，最多可以支付到孩子两岁为止，这部分收入相当于休假前67%的薪资（产假开始181天后下降到50%），并且不用交税和社保，所以年收入不会大幅下降。

公司禁止以生育为理由解雇员工，也不得拒绝员工在产假后复职。但是如果你所在的公司孕妇歧视严重，对需要育儿的母亲有明显的虐待，而且很难看到改善的可能，我建议你在怀孕前跳槽。

四宫格的纵轴是"继续工作／暂时辞职"，不过我建议大家不要离职，可以在休完产假和育儿假后复职，就算工作时间短也要继续工作。统计结果表明，女性一旦因为生育辞职就很难再次成为正式员工。

⑤ 以"不中断事业"为前提思考

另一个问题在于时机，也就是"什么时候生孩子"。

团块二世①的流行趋势是"晚婚晚育"，享受更长时间的单身生活。随着晚婚人群和高龄产妇增加，育儿时期结束得晚也成了一个问题。我就是典型例子。小女儿大学毕业时，我就要 65 岁了，很可能要同时照顾父母和孩子；为自己准备养老金的时间也会推迟，很难做经济规划。

另一方面，我的朋友中有结婚生育早的女性。她和我同年，不过孩子早已经进入社会。她在经济上不需要再负担学费，能够享受旅行，打高尔夫，还能专心工作。其实我感觉提前完成育儿工作，能够在漫长的人生中大幅扩展女性活跃的可能性。

等到人们能够工作到 70 岁时，休几年育儿假就不会成为重要的问题。首先，让我们在"不中断事业"的前提下考虑"什么时候生孩子"吧！

---

① 团块二世：日本第二次婴儿潮时期（1971—1974 年）出生的人。

05 | 从金钱和人生的角度思考要不要备孕

💲 **想要孩子的夫妻所做的金钱和人生决定**

当一对夫妻想要孩子时，我希望大家想一想，孩子不一定会在你们期望的时机到来。

我有两个孩子，都是在我 40 岁之后出生的，其实我能有孩子多亏了不孕不育治疗。我家在不孕不育治疗上花费了大约 250 万日元。虽然是一大笔钱，不过在为不孕不育烦恼的夫妻中反而算少的。

我推荐大家结婚后尽早讨论"要不要孩子""什么时候要孩子""如果迟迟怀不上该怎么办"等问题。

从金钱和人生的角度考虑备孕问题时，可以画出这样一幅四宫格。

希望两个人积极快乐地生活

没有怀上孩子	怀上了孩子
马上！尽快！ · 如果需要进行不孕不育治疗，可能需要很长时间（花很多钱） · 就算治疗不顺利，也有足够的时间交流、克服困难，直到两个人能够接受为止	· 接受不孕不育治疗时的选项很多 · 花在不孕不育治疗上的钱较少 · 生孩子的时间早，能尽早开始考虑育儿和养老问题
行动推迟几年 · 不孕不育治疗不顺利的可能性提高 · 花在不孕不育治疗上的时间长，无法保证结果 · 治疗时的选择少	· 最终能够得到宝贝孩子 · 需要面对高龄生产，高龄育儿 · 自己晚年的选择变少

与其将来后悔，不如尽早接受治疗

备孕归根结底是**与年龄战斗**。我还记得医生给我的建议："如果早几年来，治疗时就有更多的选择了。"

另外，**结婚后要立刻攒钱**。如果立刻生孩子，这笔钱可以用在孩子身上；如果迟迟怀不上孩子，也可以成为不孕治疗的资金。大家一定不想经历因为钱不够而导致治疗时选择变少的情况吧！

孩子出生后，也需要面对年龄和金钱的问题。因为如果生孩子较晚，当孩子毕业时，你不知道自己还有多少精力工作。我有一个朋友到了 50 岁才有孩子，等孩子大学毕业，他已经 72 岁了。他要工作到 72 岁，而且在那之后完全没时间考虑自己的养老问题。

如果在 30 岁左右生孩子，尽管最初的十来年比较辛苦，不过 30 岁时生的孩子在自己 52 岁时就已经走上社会，不需要再为孩子承担高昂的学费，而且有时间为自己的养老攒钱。

高龄生产的问题不仅对"现在"（不孕治疗）有巨大的影响，也会对"未来"（养老准备）产生重大影响。

💲 想要孩子的人应该尽早开始接受不孕不育治疗

横轴中有一项残酷的选择是"没有怀上孩子"，大家一定要接受这种可能性。

在这种情况下，夫妻双方需要讨论"花多少钱挑战""挑战到几时为止"的问题。

就算怀不上孩子，也不要责备伴侣（尤其是男性），我希望夫妻两人能真心接受，享受只有两个人的生活。

我有一个已经70岁的朋友，尽管没有孩子，但是夫妻关系和睦，因为不需要在育儿上花钱，所以能够充分地享受属于自己的生活。我看到他们夫妻俩在社交应用程序上发出打高尔夫的图片时，会觉得这也是两个人可以获得的人生。

可是如果一对夫妻的确想要孩子，那么我最推荐的方法还是尽早开始不孕不育治疗。当然也有人在40岁后生孩子，但是请大家将35岁当成时限，在那之后就很勉强了。

06 要保持单身吗?不结婚的人应该如何生活?

$ 每 4 个人里有 1 个人不结婚，未来会变成每 3 个人里有 1 个人不结婚?

"单身"这个词已经彻底获得了大家认同。2020 年日本政府调查公布，男性的终生未婚率为 25.7%，女性为 16.4%。也就是说，每 4 名男性以及每 6 名女性中就有一人会度过单身的人生。

就算选择单身的人生决定是当事人自己下的，身边的人也会担心吧！其中的核心依然是钱的问题。

任何人都会认为单身的人至少要找一份能养活自己的工作，另外一点需要提到的，就是"居所"(房子)和"晚年生活"的问题。

因为不需要花钱育儿，所以存下来的钱可以用在自己能做的事情上

	充分享受单身生活	确保晚年生活的资金
有单身居住的房子	· 有房子的话，到了晚年会放心得多 · 如果不稍稍降低生活水平积累存款的话，晚年生活会令人担心 · 单身人群的养老金少	· 有房子，并且积极准备用于晚年生活的资金 · 如果你不希望晚年的生活水准大幅下降，就要有计划地存钱，自己做好准备
和父母同居	· 没有房贷负担，会倾向于把钱用在日常生活上 · 如果生活始终保持较高水平，就算有房子，晚年的生活也有可能变得拮据	· 没有房贷负担，又不用花钱育儿，容易存下钱 · 有意识地存钱，避免晚年生活水平下降 · 还可以考虑到照顾父母的问题

首先，纵轴表示"房子"。单身人群如果和父母同居，或者继承父母的房子就能暂时解决问题，否则需要先考虑有一套自己能住一辈子的房子。

有一套自己的房子，意味着就算要支付千万日元的房贷，最后也会成为自己的财产，单身人群可以一个人做决定。虽说如此，单身人群可以选择比有孩子的夫妇更小的房子，所以能够控制金额。

横轴表示"生活水准"的问题。如果把"现在"赚到的钱全部用在自己眼下的生活上，确实有可能比结婚的人（尤其是有孩子的人）过得更加富足。**可是另一方面，到了晚年就无法维持同样的生活水准，因为单身人群晚年的养老金比夫妻二人的总额低。**

举例来说，假设一名40~60岁的单身人士每个月要花30万~40万日元，等到每个月只能拿到15万~16万日元的养老金时，就会因为生活水平的差距而感到痛苦。**为了弥补其中的差距，只能稍稍降低工作时的生活水平，留一部分钱作为未来的资产。**

⑤ 单身的人要做好独自一人度过一生的准备

我认为单身的人不需要感到羞耻，可以堂堂正正地将单身当作自己的人生选择，因为单身的人也在认真缴纳税款和社保。可是尽管公共养老金制度对单身人群大有帮助，但是单身的人并不能全部依赖养老金。尽管在晚年时，每个月都能获得定期收入是一颗有效的定心丸，但这笔钱并不宽裕。

另外，看护保险和医疗保险并不能彻底覆盖晚年的需求。虽然看护保险能够支持老年人每周享受几天的看护服务，但剩下的日子里该怎么办？最后还是要靠钱来解决。

"我要一辈子一个人生活……"单身的人一定需要在某个瞬间下定决心，一般人会在 40 岁前后在一定程度上下定决心。

如果你下定决心一个人生活，就要尽可能存钱。请大家重新回顾此前的生活，积极存钱。只要能努力做到这一点，就能享受富足的晚年生活，不后悔地过完一生。

如果要相亲，应该让朋友介绍还是利用相亲应用程序？

$ 过去的相亲变成了现在的"相亲应用程序"

现在，九成人结婚的契机是"恋爱"。和过去相比，爱管闲事的媒婆数量剧减，取而代之的是"相亲系统"。另一种创造邂逅的机会是"朋友介绍"。想结婚时，利用其中一种方法比较妥当。

各种相亲应用程序规格不同，不过只要登录后输入自己的信息，应用程序就会为你介绍候补异性，线下见面后如果志趣相投就算配对成功。最近人们对相亲应用程序的心理接受度也在提高，那么我们应该如何看待这种相亲形式呢？

現代的媒婆或许就是相亲应用程序?

	朋友介绍	相亲应用程序
说出真心话	· 如果朋友为你找到性格相投的人，你们更容易在短时间内谈得来 · 因为是朋友的介绍，就算是初次见面也能放心，可以慢慢拉近关系	· 容易遇到价值观相投的人或者兴趣相投的人 · 就算你的兴趣小众，也能从全国范围内找到同好
不说真心话	· 由于是朋友介绍的人，往往会选择姑且见一面 · 因为人际关系的范围有限，所以配对的可能性有限	· 如果第一次展现出自己的优点，或许容易再次见面 · 可能配对到兴趣和价值观相投的人，也有可能不顺利

或许坦率地说出真心话和自己的兴趣会让相亲更顺利。

朋友介绍最大的优势在于**你的朋友和你价值观相近，能够在了解你的基础上选择对象**，就算是初次见面的人也能放心。

使用相亲应用程序最大的优势在于可以**在全国范围内寻找候选对象**。相亲应用程序会在全国的用户中寻找与你匹配的人，与朋友介绍的**基数不可同日而语**。

因此就算你的兴趣小众，也有机会从全国范围内找到同好。比如铁女（喜欢铁路旅行的女生）和"机车女孩"等，只要坦率地写出自己的兴趣，应用程序就会为你介绍志趣相投的对象。

当然，就算利用相亲应用程序也有可能匹配到兴趣和价值观不合的人。不过**我认为在兴趣方面，还是应该不要撒谎和粉饰，坦率地写出自己的真实想法。因为兴趣爱好在结婚后还会继续保持，所以隐藏并不是明智的战略。**

Ⓢ **可以换个角度看待失败，把失败当成通往下次成功的经验**

相亲的困难之处在于只有在初次见面时给对方留下

好印象，才能走到第二次约会。如果是朋友介绍的对象，可以通过多次见面慢慢积累好感，但是相亲却做不到。

可以说**在一开始给对方留下好印象同样重要**。

尤其是对于交往经验少的人来说，一开始就给对方留下好印象并不简单，要做好需要积累经验的心理准备。找工作时同样如此，尽管我们会在一开始以为"我要应聘这家公司，就能拿到录用通知，定下来"，结果却被好几家公司拒绝，不得不慢慢找工作。相亲同样如此。

在这个方面，如果是朋友介绍的人，就能够在一定程度上免去给对方留下好印象的努力，因为朋友会在一定程度上帮助彼此介绍双方性格相合的地方和优点。

交往需要"契机"，自己主动同样重要。

如果你想结婚，请拜托朋友为你介绍不错的对象，或者充分利用相亲应用程序。某个地方一定有适合你的对象。

$ **租房派、买房派哪一派正确？**

至今为止，基本的经济规划都认为"适龄买房"是正确的做法。虽然要花几十年时间还房贷，不过只要还完，就有了自己的房子。

不过近年来出现了持"租房派"立场的人，他们认为买房有风险。如果邻里关系不和睦，自己很难搬家；如果没有奖金，可能会还不起房贷。

可是还有一个问题在于"买房和租房生活哪一种更划得来"。不要看经济杂志和网络新闻，让我们来模拟一下是租房派划得来还是买房派划得来，这个永恒的难题有答案吗？

从这里开始

租房	买房

有工作的时期

租房:
· 邻里关系不和睦能搬家
· 如果年收入减少,只要搬家就好
· 无论是还房贷还是付租金,能够存下来的钱区别不大

买房:
· 只要还完贷款,就有了房产
· 邻里关系不和睦很难搬家
· 年收入减少时,房贷的负担会变重

靠养老金生活(晚年)

租房:
· 晚年会出现"房租一共要2000万日元"的问题。如果住在好地段,金额会更高
· 不知道能活到多少岁,房租始终是风险

买房:
· 晚年不需要付房租,能够安心
· 要花费最低限额的税金(固定资产税)和修缮费用
· 最后可以卖房换取现金

不建议晚年租房生活

租房生活确实自由又轻松。**就算邻里关系不和睦，只要搬家就好；如果年收入下降了，还可以搬到更便宜的房子，能够应对风险。**

可是就算房租付了几十年，房子也不会变成自己的。从这个角度来看，**买房的本质在于"累积资产"，** 房贷在某种意义上来说是"分期付款购房"。虽然利息要另算，不过就算贷款金额高达数千万日元，利息依然不高。因为房屋有担保价值，所以不需要像其他贷款形式那样支付高利息。

"买房派"最大的优势在于还完房贷就能一辈子住在自己的家里， 拥有一辈子的住所。当然，住上几十年后需要面对修缮和维修问题，不过和房租相比能省一大笔钱。

⑤ 租房派不仅要面对"晚年需要 2000 万日元"的问题，还需要准备 2000 万日元的房租

与买房派相比，晚年依然租房的人们要考虑晚年的房租问题。不久前，社会上热议"晚年需要 2000 万日元"

的话题，前提是晚年有自己的房子。

因此租房派在晚年除了 2000 万日元之外，还要准备房租。就算晚年搬到房租只要 5 万 ~6 万日元的地方，也需要多准备 2000 万日元（假设房租每个月 6 万日元，一年就要 72 万日元，以 30 年的晚年生活为例，需要 2160 万日元）。如果想住在环境更好的房子里，晚年的房租就会更贵。如果每个月的房租是 10 万日元，其中又不包含更新费和涨价的情况，那么实际费用会更贵。

按照要想过上从容富足的晚年，至少要准备 2000 万日元的标准计算，再加上 2000 万日元房租，晚年就需要准备 4000 万日元。

考虑到房租会涨价，会出现更新拒租（因为改建等理由要求租户在两年后退房）的情况，晚年的租房生活相当令人不安。

就算工作时租房派和买房派的支出相同，考虑到晚年就是完全不同的结果了。

租房派需要做好相应的心理准备和资金计划。

09 | 买不买房还取决于有没有兄弟姐妹

$ 关于买不买房，还有一幅四宫格

其实买房问题还有一个思考角度，简单来说，就是考虑是不是"或许不买房也没关系"。不买房也没关系的人可以选择租房。

如果父母已经有了一套独栋房子，有人就会在翻新后三代同居。就算要花钱翻新，不过远比买新房便宜得多。

我们父母那一代人几乎都有自己的房子，因为现在独生子女增加，所以孩子会继承父母的房子。也就是说，越来越多的人已经有了自己的房子。既然如此，请按照下面这张四宫格来思考。

如果继承了两套房子，
还要考虑出售问题

没有兄弟姐妹	有兄弟姐妹
结婚 · 有可能会继承两套房子 · 不需要勉强自己买房，可以租房生活 · 继承房子后也需要考虑要不要住（地段、翻新等）	· 如果夫妻双方有一方是独生子女，就能继承一套房子 · 如果夫妻双方都有兄弟姐妹，也有可能无法继承房子
未婚 · 能继承一套房子 · 如果是独生子女，还可以选择一直住在父母家里	· 如果有兄弟姐妹，有可能无法继承房子 · 继承的有可能不是房子而是钱

可以选择不买房

基本上要选择买房

没错，考虑买房问题时的两条轴分别是**"有没有兄弟姐妹"**和**"结婚或单身"**。

没有兄弟姐妹，也就是独生子女，无论结婚还是单身，只要父母有房子，都能继承至少一套房子。结婚后如果配偶也是独生子女，夫妻双方就能继承至少两套房子。

这样一来，问题就在于有兄弟姐妹的家庭。这种情况下基本上需要分割父母的房子。而现实是房子无法分割，所以会出现"和父母一起住的长子继承房子，其他兄弟姐妹多分些钱"的情况。弟弟和妹妹往往得不到房子。

结婚后如果配偶是独生子女，或许能够继承对方家里的房子，最需要注意的是无法继承父母的房子的单身人群。这时一定要考虑"有一套自己的房子"。

Ⓢ **考虑到将来继承父母的房子的可能性**

在上一节中，我提到在进入晚年前买到自己的房子，也就是"买房派"的晚年生活更加轻松；不过从另一个视角思考的话就会得出不同的结论。

　　正因为如今这个时代"大部分父母有自己的房子"，"独生子女在增加"，所以本节的四宫格中出现了新的选项。

　　那就是"工作时选择租房"，"晚年或者 50 岁之后翻新父母的房子，和父母同居或者继承父母的房子"。虽然翻新或许需要 1000 万日元左右，不过远比从零开始买房轻松得多。

　　不过还要考虑父母家的位置和环境。如果是高层公寓等 50 年后会严重老化的房子，有可能会在继承后立刻改建。另外，如果父母的房子在外地而你在首都工作育儿，这时就会再次出现买房问题。

　　请大家不要单纯考虑自己的人生选择买房或者租房，也要梳理好自己和配偶的父母的情况，重新思考是否要买房吧！

10 | 房贷选择固定利率还是变动利率？房子买在近处还是远处？

💲 买房问题，让人烦恼的利息和房价

买房时一定会出现固定利率和变动利率这两个词。

固定利率是指签合同时的利率一直保持到还款结束，变动利率指的是最初一段时间内保持签合同时的利率，未来会根据当时的经济形势调整利率。就算现在的利率只有1%，10年后也有可能变成5%。一般情况下，签合同时的变动利率会小于固定利率。也就是说选择稍微高一些的利率可以保持到还款结束；而现在选择低利率，就要接受未来利率发生变动的结果。

另一个令人烦恼的问题是能接受多高的房价，因为房子越理想，价格往往越高。

说不定能以超低利率一直保持到最后？

	变动	固定
房价高	・虽然选择好地段和新房很有吸引力，不过要当心避开超出预算的高价房 ・如果未来利率上涨，负担增加，有可能还不起房贷	・不用担心房贷利率上涨，能稳定还款 ・因为现在的利率是历史最低，或许是用低利率贷款买房的好机会
房价低	・可以选择喜欢的郊外、车站附近的房子或者二手房，以低价购入 ・贷款少，还款的负担就轻 ・如果能提前还款，或许可以充分利用低利率的好处	・可以选择喜欢的郊外、车站附近的房子或者二手房，以低价购入 ・就算将来利率上涨，选择固定利率也不用担心 ・容易制定未来的规划

虽然利率很重要，但关键还在于房价

在这个问题上，最理想的选择是"低利率"ד低房价"，接下来是"低利率"ד高房价"。

一开始选择较低的变动利率，就不知道将来在哪一刻，利率会上涨到什么程度。如果利率在大部分还款时间里都不涨，选择变动利率自然是好事。但是考虑到开始还款后不久利率就有可能上涨，还是固定利率更好。选择变动利率还是固定利率要考虑未来的利率趋势，多少包含一些"赌博"的要素。

另一方面，房价则可以凭借自己能够掌握的信息做决定。在离车站远、二手房等能妥协的部分妥协，就能降低房价。重要的是认真考虑房价，找到不给自己增加经济负担的房子。

虽说如此，国家与民间合作提供的低利息住宅贷款"FLAT35"以固定利率为前提，我认为从这个角度来看，FLAT35 的还贷负担"较重"。

💲 时代在变化，可以选择离开东京，超低利率将到期

还有一种选择能大幅降低房价，那就是以新冠疫情

为契机离开东京。IT 企业的员工可以生活在山梨县和静冈县，只需要偶尔乘坐特急列车去公司。

这种情况下，不需要选择东京 23 区里价格高达 8000 万日元的高价房。在考虑利率之前，**房价已经大幅降低，能够买到划算的房子。**

另一方面，**我认为超低利率即将到期。**现在房贷之所以利率低，是受到了日本银行负利率政策的影响。因为把钱存进银行只能得到 0.001% 这种莫名其妙的低存款利率，所以人们才能享受超低房贷的恩惠。

2022 年下半年，全世界都在控制通货膨胀，利率异常上涨。日本国内也开始通货膨胀，虽然不是立刻，但只要国家发布利率政策，就有可能瞬间改变局面。

既然如此，**充分考虑到现在的利率情况后，或许选择固定利率，确保还贷结束前保持同样的利率是更好的选择。**在翻到这一页时，请你一边检查利率情况，一边参考四宫格调整自己的判断吧！

"御宅族"理财规划师"愉快的消费方式讲座"

过去，我在日本经济新闻电子版上登过一篇名叫《每月要花 1 万日元以上的爱好就是"烧钱的爱好"》的文章，结果在网上被大肆抨击。其实只要读过正文，就会发现我写的是"花 1 万日元以上也没关系，但是要掌握好开支"。

先不考虑金额，请大家想一想自己在兴趣爱好上花了多少钱，是否合适。

兴趣爱好分为"烧钱的爱好"和"不烧钱的爱好"，最好能够保持平衡，拥有多个兴趣爱好。以我为例，我的安排是收集漫画是"烧钱的爱好"，逛街是"不烧钱的爱好"。

沉迷程度和支付费用程度同样会影响预算。就算是喜欢漫画的人，如果只是阅读应用程序上的免费漫画，那么预算几乎为零（我每个月要花 2 万日元）。喜欢手工的人里，有人每个月只花几千日元就足够了，有人花几万日元也不够。

让我们制定适合自己的预算，花钱享受兴趣爱好吧！

Chapter 03

需要为将来
做准备的事情

🪙 需要做很多与钱有关的小决定

在本章中，我希望大家想一想**"资金储备"**的问题。

上学时，解决金钱问题的形式是只需要做简单的准备计划就好，比如"我要进行一次预算 10 万日元的旅行，所以要多打工"！可是进入社会后，随着年龄的增长，人生需要用到的金钱逐渐增加。

年轻时要结婚、搬家、生孩子等，在每一件事上一次性花掉超过 100 万日元都不少见，因此需要制订长达数年的资金计划。

据说每个孩子上高中和大学的学费大约能达到 1000 万日元，这部分资金也需要提前有计划地准备。其实如今已经进入了需要在孩子 3 岁时开始为他们准备大学学费的时代了。这是一项长达 15 年的资金计划。

最后需要准备的，就是所谓"晚年 2000 万日元"。

在某种意义上来说，这是需要花费人生的大部分时间、长达数十年的资金计划。

这样一大笔钱不可能立刻准备好，所以必须有计划地进行储备。

💰 尽早准备，减轻未来的负担

说到钱的问题，**基本上"尽早准备"都会达到更好的效果**。为了存下同样的金额，花费 10 年和花费 5 年相比，每个月的负担能够减少超过一半（因为要加上利息和理财收益，所以能减少一半以上）。

而且尽早开始准备还能充分培养我们的"储蓄能力"。

能够每个月存 1 万日元的人因为本来就能够达到目标，所以不会将每个月存钱的数目减少到 5000 日元。他们会坚持每月存 1 万日元，并且制定更高的目标，或者挑战自己，将存款的金额增加到 2 万日元甚至 3 万日元。

不过只有尝试过，你才能知道自己有没有每个月存

1 万日元的能力。因此需要**尽快采取行动**。

要想尽快采取行动，重要的是尽快理解自己所处的位置。不明白自己所处位置，就找不到问题在哪里；如果不知道问题在哪里，就没办法开始行动。因为完全没有意识到有问题，自然无法采取行动。

通过四宫格将自己的情况"可视化"，就能成为思考自己所处位置的契机。

🪙 总之重要的是"行动"

在制订资金计划时，考虑自己"现在"和"未来"所处的位置非常重要。

而且**要想在"未来"身处比现在更好的位置，只能改变"现在"的行动**。

每个人面前都有各种各样的可能性和希望，问题在于要抓住哪种可能。

现在的行动会塑造未来的自己。

哪个选项对自己的未来有好处，保持现状有没有越来越穷的危险，让我们借助四宫格来思考吧！

大部分四宫格的右上格是理想状态。如果你现在身处左下格，或者保持现状就会到达左下格中的未来，那么现在正是改变的时机。让我们画出通往右上格的箭头吧。

　　为了做到这一点，**最重要的是"实行"，是"行动"。**

　　接下来，我将为大家介绍"资金储备"。

01 | 物价还会上涨，我们的生活会变成什么样?

⑤ 2022 年，时隔大约 30 年后，物价将再次开始上涨

2022 年或许会成为刻在历史上的转折点。那就是日本**"物价开始上涨的年份"**。电费、天然气费与前一年相比增长了 25% 以上，苹果手机（iPhone）价格上涨了 19%，面粉价格也大幅上涨，食品价格在一年之内上涨了两次。

现在 20~40 岁的年轻人或许对于物价上涨，也就是"通货膨胀"没有概念。因为从 20 世纪 90 年代中期开始，物品的价格几乎没有上涨。由于优衣库等快销品牌的出现，高质量的产品变得比过去更加便宜。这样的时代即将走向终结。

如果我们不能认真面对此次物价上涨，结果将不堪设想。

2022—2023 年，物价上涨正在发生！

	今后不会出现通货膨胀	今后会通货膨胀
比以前更节约	·节约下来的钱可以存起来 ·可以用节约下来的钱投资理财 ·如果年收入增加，增加的部分属于富余部分	·重要的是靠节约填补物价上涨的部分 ·避免赤字 ·长期目标是提高年收入，克服通货膨胀
过和以前一样的生活	·如果物价没有上涨，就能维持生活 ·只要物价不继续上涨，就能按照计划存钱，有余力理财投资	·如果保持同样的生活水准，自然存不下钱来，会产生恐惧 ·只要不涨工资就会出现赤字，无法存下钱来 ·为学费和买房攒钱的计划也会受到影响

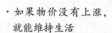

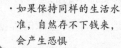

物价不上涨的时代延续下去

四宫格的两条轴分别是"是否出现通货膨胀"和"是否保持同样的生活水准"。

那么物价上涨会导致什么结果？如果保持同样的生活水准，家庭收支就会出现赤字。

以每个月花费20万日元的家庭为例，如果物价上涨10%，按照单纯的计算，生活成本就会上涨到22万日元。明明没有浪费，却出现了2万日元的亏损。通货膨胀时，会出现想要为将来攒钱却存不下钱的情况，就连买房的钱和孩子的学费都存不下来。

面对物价上涨的局面，重要的是首先有意识地选择比以前更加节约的生活方式，控制支出，避免出现赤字。目标是根据物价上涨的程度降低生活成本。

如果没有出现通货膨胀，就可以保持与过去同样的生活水准。如果能够比以前更加节约，省下的钱就可以存起来。可是经济形势似乎并非如此。

$ **未来需要的资金也会增加**

物价上涨时，还需要考虑一个问题，**那就是配合物**

价上涨增加年收入。

如果你是公司员工，需要查一查公司有没有实行每年涨一次薪的制度，或者自己有没有进入升职加薪的名单。**在最近的几年里，大家最好意识到"如果物价上涨，自己的工资也必须上涨"**。因为日本人失去这种意识的时间已经超过 20 年，**所以年轻人尤其需要注意**。

另外，如果未来的物价高于现在，那么大家需要意识到要实现你现在拥有的梦想和目标，就需要花更多的钱。举例来说，就算现在预计的晚年生活费每个月需要 20 万日元，如果物价每年增长 5% 的趋势持续 20 年，到时候每个月就需要 53 万日元的生活费。只要物价不断上涨，就会出现这种情况。

如果你觉得工资会随着物价上涨而上涨就可以放心，那么请你记住，物价上涨对未来还会产生各种各样的影响。

02 | 可以选择不买车，思考共享时代的节约方式

💲 汽车虽然昂贵，但利用率并不高

对年轻人来说，一开始的"梦想"预算应该在 10 万日元左右。有人想旅行，有人想买平板电脑，如果是学生，花几个月时间集中打工就能实现"梦想"。走上社会后，这种程度的金额用奖金就能实现。

下一个阶段的梦想预算达到了 100 万日元，有不少人的梦想是买车。如果选择二手轻型汽车，100 万日元还能剩下一些，对于想买车的人来说是努力就能实现的梦想。

另一方面，拥有自己的车已经不再是身份的象征。在首都圈，有很多人不买车，而是选择车辆共享的生活方式，只在需要的时候用车。下面是关于车的四宫格。

共享经济的环保性受到
关注!

	有私家车	共享汽车
成本	· 需要花费各种费用（购买、保养、税金、汽车保险、油费、停车场的费用）	· 只需要在使用时间支付费用，能大幅降低成本 · 使用费大部分时候已经包含油费
便利性	· 随时都能立刻坐上车 · 爱车在自己的车位上等待，能带来喜悦（可以选择自己喜欢的车型）	· 如果周围没有空车，可能无法立刻坐上车（可以通过增加网点、提前预约解决） · 可以享受乘坐各种车型的快乐

△ ◎

◎ △

每周实际用车时间可能
只有几个小时

103

私家车的魅力和缺点与共享汽车的魅力和缺点基本互补。购买私家车的人需要支付车险费用、油费、停车费以及税金，而最大的优点在于可以随时坐上自己喜欢的车。

缺点在于费用。如果在首都圈每个周末开一次车，**就要为每个月只用 4 次的汽车支付一个月的停车费，为每年只开 52 次的车支付一年的汽车税和汽车保险。**

共享汽车最大的魅力在于只需要支付使用时的费用。一般情况下，共享汽车需要支付包月会费，如果每个月用 1~2 次，会费可以用来支付使用费。另外油费由共享汽车公司承担，所以用户不需要支付除使用费之外的费用。其实我也从私家车派转为了共享汽车派，就是考虑到了费用能够减少一半以上。

如果选择共享汽车，住在同一区域的人同时需要使用汽车时，就会采用先到先得的规则。这是共享汽车的缺点。虽说如此，包括市区在内，共享汽车的网点正在增加，所以越来越不需要担心借不到车。随着共享汽车的普及，四宫格里的内容位置会发生改变，使用共享汽车的优先度会提高，而且还能享受驾驶各种车型的乐趣。

$ 在一部分地区，买车不是浪费，而是必要的开销

前面提到的是首都圈内的用车生活。如果你住在其他地区，为了生活必须开车，那么不用在意前面的四宫格，买车就好。如果你几乎每天都需要开车，那么**买车的费用就不是浪费，而是必要的经费。**

同样，如果你家附近几乎没有共享汽车的网点，那么共享汽车也不能作为选项。共享汽车一般会在投币式停车场旁边安排几辆，请你在家附近散步时顺便看一看吧。

相似的共享服务还有自行车。共享自行车的方便之处在于借用的地点和归还的地点不需要一致；可以单程使用，比如在家附近借用，在地铁站附近归还，比坐公交和打车方便。共享自行车的使用区域依然有限，如果你能用到，请试试看吧。

03 | 应该从事副业还是专注于主业？

💲 容易从事副业的时代已经到来

近年来，公司允许员工从事副业的情况越来越多。第一步是厚生劳动省的就业规则范本中删除了禁止兼职的规定，越来越多的公司开始向允许员工从事副业的方向发展。

从原则上来说，**不在主业的工作时间内进行，在工作时间外不影响主业，不争夺主业的客户，只要遵守以上这些基本规则，公司就不能阻止员工从事副业。**

副业有很多种类，而且能够控制工作时间。撰稿人、博主可以按照自己的节奏从事副业，而且很多领域需要资格证，所以越来越多的人在周末从事副业。

请大家一定要按照四宫格来思考要从事副业还是专注于主业，以及各种选择的影响。

只有挑战副业的人才有机会

	无法靠主业增加年收入	靠主业增加年收入
副业能赚钱	・从事副业可以解决无法靠主业增加年收入的烦恼 ・可以选择跳槽，或者专注于副业 ・如果副业能够获得一定收入，心态会比较从容	・理想模式 ・能够赚很多钱，通过投资赚更多钱 ・说不定能够提前退休？
副业不能赚钱	・无法专注于任何一方，为总体收入难以实现增长而烦恼的情况 ・无法依靠主业赚更多的钱时，可以考虑跳槽	・主业能够赚到足够的钱，副业用来实现生活的意义 ・只要主业能赚钱就没问题 ・副业专注于"爱好""娱乐"

副业的收入大多数情况下不会超过主业。首先要专注于主业

四宫格的两条轴是"能否靠主业增加年收入""副业能不能赚钱"。

理想的发展方向是"能靠主业增加年收入，副业也能赚到钱"。不过事情并不简单，主业和副业都需要相当努力才行（如果不专注于主业就麻烦了）。

事与愿违的结果是"无法靠主业提高年收入，副业赚不到钱"，也就是俗话说的鸡飞蛋打。尤其是想要通过长时间投入副业工作来赚钱时，体力上也会感到疲劳，结果无法顺利进行。请大家不要在公司下班后大幅减少睡觉时间，在深夜的便利店打工。

剩下的两种情况分别是"虽然无法靠主业增加年收入，但是可以靠副业赚钱"，以及"可以靠主业增加年收入，但是副业不赚钱"。这两种情况都能成功增加收入，结果并不差。

考虑到这四种情况，或许最重要的事情是**"如果不挑战副业，甚至没有走上这幅四宫图的资格"**。因为这样的人从一开始就确定处于"无法靠副业赚钱"的情况。

⑤ 副业要选择"喜欢且能够坚持的工作"

我希望大家放弃靠副业一下子让年收入增加 200 万日元以上的想法，不过年收入增加 50 万 ~100 万的副业还是可以挑战一下的，认真规划的人可以挑战副业。

副业多种多样，从刚才提到的体力劳动，比如便利店和餐馆兼职，到周末去房地产公司为顾客进行重要事项说明（需要住宅土地资格证），还有在线外语老师等需要资格证、专业性强的工作，找一找就会发现数量众多。

我推荐的是做自己感兴趣的博客或者 YouTube 内容博主。和经济收益相比，发自己感兴趣的东西首先会感到开心，然后把赚钱看作附带的结果就好。**从"喜欢且能够坚持"的角度出发选择副业非常重要。**极端地说，只要靠兴趣爱好赚到用于兴趣爱好的预算就足够有价值了。

因为副业收入超过本职工作的可能性很低，**所以认真完成本职工作是大前提，可以在此基础上尝试挑战副业。**

04 | 人生 100 年时光，要不要重新学习技能?

💲 走上社会后就不再学习?

最近人们开始强调关键词"重新学习"。媒体开始提出表示重新学习知识、重新学习技能的热词。

原因有两个。

一是知识和技术的变化很大。举例来说，互联网和程序领域的技术发展日新月异、工具化程度高，我们必须不断追赶技术发展的速度。

二是一生中的工作时间延长。考虑到 22 岁从大学毕业后要一直工作到 70 岁，工作时间大约有 50 年。既然有 50 年之久，进入时有发展前景的领域在 50 年后不一定依然有发展前景。

我们该如何面对"重新学习"呢?

重新学习技能意味着以公司为主导，为了应对变化而学习新技能。重新学习知识需要自主学习，尽量要主动

	不重新学习	重新学习
经验、年收入增加	·并不是上学才意味着重新学习 ·取得资格证、参加学习会等"采取行动"的人会不断成长 ·首先试着参加业内的研讨会吧	·在当今时代，新领域的知识也可以用在新的职业中 ·最好有经济上的富余，能花钱重新学习
经验、年收入不增加	·如果不能追上时代的变化和技能的变化，或许会被甩下 ·对人生100年时代有更深的认识	·学习到的内容可能在将来派上用场 ·只是听从公司的安排重新学习技能会欠缺学习动力

50年前有发展前景的公司和现在有发展前景的公司完全不同，需要的技能也有所不同

重新学习的意义是与自身知识与能力的陈旧化做斗争。虽然只要还在工作就能得到一定程度的成长，但是当身边人的成长速度快时，我们就需要努力追赶。

也就是说，**是否能够通过重新学习，提高自己的经验和年收入，是四宫格的两条轴。**

换句话说，如果只是懵懵懂懂地上课，成果不能反映在职业上，就没有意义。沉迷于考取资格证书的人就算像收藏一样收集一排排资格证书，如果无法增加年收入也没有意义。

相反，就算不重新学习也能增加经验和年收入的话，也是一种成功。不过这些人就算没有上成年研究生，也会在暗地里重新学习，比如阅读业界专业杂志，参加研讨会等。

另外，如果你的经验始终无法得到增长，说明你所在的业界整体规模有可能在缩小。这种情况下，无论个人付出多少努力，年收入往往也不会增加。

这时可以在重新学习的基础上赌一把，选择跳槽。也有人会果断从公司辞职，以高收入为目标在成人研究生学校踏踏实实地重新学习一到两年。可以说重新学习与跳槽成功有直接关系。

💲 确保拥有"重新学习的预算"

重新学习的问题与未来增加年收入的可能性密切相关。在选择重新学习的内容时,想一想未来能够进入什么样的职业是一种有效的方法。

我想说的另一件事,是**确保拥有"重新学习的预算",能够让挑战变简单**。等到公司走下坡路之后再慌慌张张地重新学习,甚至需要贷款交学费的话,挑战会变成背水一战,难度极高。**如果有 100 万 ~200 万日元的备用金,就能做好上半年成人研究生学校的准备(在公司倒闭后再上)**。

存钱为将来做准备,还能够让我们从容挑战各种各样的人生可能性。

05 | 应该从什么时候开始为孩子准备学费

💲 **从孩子出生那天开始，上高中、上大学的时间就已经确定**

我在演讲中提到孩子的学费问题时，一定会说一句话："大家在产科医院抱起孩子的那天，这孩子上高中的时间和上大学的时间就已经确定了。"

还不能完全睁开眼睛、只会哭泣的婴儿是会成长的，在 15 岁那年的春天进入高中，在 18 岁那年的春天进入大学。只要不出意外，要为孩子支付高中和大学学费的年份就是确定的。

事实上，有人会早早开始准备学费，有人并非如此。请大家根据下图的四宫格尝试思考这个问题。

房贷和教育贷款都要在最后用退休金还款，债务很多

学费准备不足需要贷款	提前准备好学费

晚年

- 恐怕需要用退休金还教育贷款
- 晚年突然变得辛苦，要继续筹措金钱

- 晚年的经济规划一下子变得轻松
- 退休金可以全部用于晚年生活

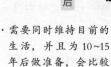

之后　　　　　　　　　之后

育儿时

- 育儿过程中能轻松一些
- 教育贷款的利息低，容易借到（也可以推迟还款）

- 需要同时维持目前的生活，并且为 10~15 年后做准备，会比较辛苦
- 育儿过程中需要努力节约

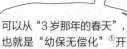

可以从"3岁那年的春天"，也就是"幼保无偿化"①开始为孩子准备学费！

---

① 幼保无偿化：将各类儿童照顾机构以及相关费用进行减免，托幼机构对 3~5 岁的全部儿童免费。

尽管尚未确定孩子的学费究竟要花多少，不过已经确定了什么时候要花。这就是说，时限已经确定，我们知道自己**"有几年时间用来准备"**。

充分考虑到这一点的人会尽早开始为孩子准备学费，加入学资保险积累存款的人就是典型代表。

统计数据显示，高中和大学，7年的学费等费用合计大约在900万~1000万日元，应该提前准备好与高中入学相关的各项费用200万日元，以及大学学费的一半200万日元，为孩子上高中做准备。

提前准备学费不容易。在目前育儿花费的基础上继续准备学费，是相当辛苦的事情。

这样一来，在育儿过程中要始终努力维持家庭开支，不过到了晚年会一下子轻松很多。

⑤ 儿童津贴全部存起来，从3岁那年的春天开始准备学费

另外，也有夫妻会稍微推迟一些再开始准备。

有人认为"孩子的学费可以借教育贷款，只要毕业后还款就好"，但是采取这种做法的话，需要担心的是

116

对自己晚年的经济状况造成影响。

教育贷款的审查相对宽松，而且利息低，所以是"好的贷款"。另一方面，由于教育贷款可以等孩子毕业后再还款，所以往往在父母退休前还没有还完。结果父母需要用退休金还教育贷款，导致晚年的储蓄减少。学费准备不足产生的债务需要在自己的晚年还款。

乍一看，育儿过程中是轻松的，可是之后会变得辛苦。**请大家不要把自己的养老储备和孩子的学费分开考虑，而是要同时思考。**

理想情况是在孩子小时候，在孩子进入高中和大学前准备学费。不久前，人们普遍认为准备学费要从小学一年级开始，因为当时保育园的保育费相当昂贵。**不过现在有了幼保无偿化政策，因此从孩子"3岁那年的春天"开始，父母的负担就会减轻。**

尽可能把儿童津贴全部存起来吧（这些钱可以支付高中和大学入学的各项费用）。这样一来，准备学费应该会轻松很多。在此基础上，希望大家从孩子3岁那年的春天保育费的负担减轻时，开始攒出相当于儿童津贴金额相同的钱吧。

06 | 为什么借房贷时首付很重要?

$ 房贷的基本结构

很少有人能不借钱就全款买房,大部分人都需要借房贷。

借房贷时,每个月的还款金额受到"利息""贷款金额"和"还款期限"等因素的影响。如果想轻松一些,就要选择返还期限长的方式,但是如果退休前还没有还清就麻烦了。虽然利息低的话还款会轻松,不过房贷的利息取决于购房时的利息水平,很难自主选择。既然如此,个人能够选择的重要对策就是通过减少贷款金额,让还款计划轻松一些。

让我们利用四宫格来思考房贷问题。

准备首付可以留出时间,让我们认真思考购房问题

	选择比较贵的房子	选择比较便宜的房子
准备较多的首付	· 能买到满意的房子,但是价格较高 · 如果首付比较多,就能减少房贷 · 可以用攒首付的时间认真找房子,选择不让自己后悔的房子	· 踏实的选择,优秀的人生规划 · 可以用攒首付的时间认真找房子,有了充分的准备,更容易做出不让自己后悔的决定
没有首付或者首付金额较少	· 如果被销售的话术诱惑,决定立刻买房,还款会比较辛苦 · 最糟糕的情况是没能还完贷款,甚至有可能需要卖房	· 因为首付较少,于是选择房价较低的房子,利用房贷买房 · 房价低也有可能觅得好房子,需要慎重决定

如果你还不上贷款,销售员也没办法帮你

如果你想要减少贷款金额，就要根据两条轴考虑"买便宜的房子（较低的房价）"或者"准备首付减少房贷"。

尽管**选择比较便宜的房子并且准备较多的首付是很难实现的情况**，对于稳重的家庭来说，还是会踏实地选择这一项。

第二位的选择是**选择比较贵的房子，但是准备较多的首付，不要借超过自身还款能力的房贷**。不过要把握贵到什么程度，这项选择并不容易实现。

大家应该注意的是不要陷入没有首付或者首付金额较少，却一时上头决定买房的情况。因为在这种情况下，买房的钱几乎全部要依靠房贷，所以还款会相当辛苦。**最糟糕的情况是选择了比较贵的房子，无法持续还款，只能重新开始。**

买房的"关键时刻"不是选房，而是从好几年前就开始了。

⑤ 正常情况下不要零首付买房

房地产的传单和海报上会写着"零首付也没问题"，

或许确实存在这种可能性，但是**我不推荐零首付买房**。

人生的关键在于提前准备，重要的是意识到要在真正买房的几年前开始攒首付。假设每笔奖金存15万日元，每个月薪水再存1.5万日元，一年就能存下48万日元，5年就能存下240万日元的首付。

过去，人们普遍建议攒下 20%~30% 的房款作为首付，可是如今是超低利率环境，银行不再热情推荐用户贷款，于是卖方传递的信息也发生了变化，以"零首付也没问题"为卖点。

零首付购房往往伴随着未经深思熟虑的冲动购买，这是一个严重的问题。从时间轴重新审视，花时间攒首付可以留出时间认真找房子，还能让我们认真研究房贷，最终买到满意的房子。

⑤ 买房、教育费用……父母的财产靠得住吗？

如果父母比你有钱，就可以在你结婚和生孩子的时候包一个大红包，或者在你买房时伸出援手。

父母健在时给你的钱叫作赠与，如果每年超过 110 万日元就要缴纳赠与税。父母去世后留给你的资产叫作遗产，超过一定额度后需要缴纳遗产税。

近年来，国家为父母在买房和教育方面给予子女支持的情况设定了一定的免税额度。也就是说**既然继承遗产时需要缴税，不如在生前把钱赠与子女和孙辈，在税金方面更划得来。**

继承遗产有时候要到 60 岁之后

税收优惠制度有时间限制，而且会进行修正，需要查看最新信息

	没有得到生前赠与	得到生前赠与
父母的晚年生活有困难	·首先需要筹措资金 ·让父母不要为金钱烦恼，等他们去世后再继承剩余部分 ·遗产较多时会产生遗产税	·和父母商量，在不给父母造成困难的范围内讨论生前赠与问题 ·孩子的教育费、买房资金等可以享受税收优惠，要充分利用 ·尝试主动与父母沟通
父母的晚年生活没有困难	·优先考虑父母的生活 ·看看自己有没有支援父母的可能性 ·不要勉强自己给父母提供生活费，也要重视自己的生活	·就算生前赠与能够享受税收优惠，但如果父母的晚年生活有困难，就要提供支援 ·基本上要靠自己的力量筹措买房的钱和子女的学费

123

有人在自己的家庭收支出现困难时会希望得到父母的经济援助。可是我希望大家想想一个简单的问题：**如果父母生前赠与资产，他们自己晚年的预算就会减少。**

也就是说，如果父母有足以安享晚年的财产（或者有定期养老金收入），经济上没有困难的话，那么为了避免产生遗产税，生前赠与是更好的选择。

但这并不是子女自己能够决定的事情，**因此必须问问父母的意见。**如果你决定不依靠生前赠与，那么情况很简单，父母会用自己的财产享受晚年生活，享受看护服务，然后由子女继承剩余部分。

父母和子女的金钱关系还牵扯到子女应该为父母的看护问题提供多少帮助。父母赠与数百万日元帮你买房，为孙辈提供教育资金，你总不能对父母的看护问题不管不顾。

另外，**是否有兄弟姐妹同样会产生影响。**如果家里有3个孩子，而父母只为你的孩子赠与了300万日元的学费，那么在未来讨论继承问题时，就有必要根据生前赠与的多少进行调整。

💲 为什么在当今时代最好不要太依赖继承

提到继承问题，我认为在当今时代最好不要太依赖继承。

首先，日本人越来越长寿，到了60多岁甚至70多岁，父母才双双去世的情况并不罕见。也就是说，只有在父母早逝的情况下，你继承的遗产才能用来还房贷和养孩子。我们不知道父母什么时候去世，也无法控制，要考虑到自己到了靠养老金生活的年龄才会继承遗产。

无论如何，**如果你不知道父母会不会为你出钱，我推荐你坦率地和父母谈一谈。**有的父母愿意在不影响自己余生的范围内为子女提供经济支援，尤其是"为了孙子"，有不少父母愿意出钱。

父母很难主动提出赠与，如果由子女主动提出或许事情会进展得非常顺利。

08 | 当父母需要照顾时，我们应该辞掉工作吗？

$ **父母必然会老去**

等到父亲 72 岁、母亲 75 岁时，我们就需要考虑父母的看护问题了。这个年龄就是所谓的健康寿命（健康问题不会限制日常生活的时间）。可是也有人在更早之前就需要照顾，也有人超过 80 岁依然身体硬朗。

尽管我们很难预测父母从什么时候开始需要照顾，不过父母必然会老去，我们需要为此进行准备。

当我们听到父母病倒的消息时，内心恐怕会惊慌失措，让我们尝试用四宫格整理思路，根据自己的情况考虑父母的看护问题吧！

距离越远越难照顾父母

	与父母的距离远	与父母的距离近
不用照顾孩子或单身	·想一想自己能不能照顾父母 ·如果彻底辞职照顾父母，今后难以重新回到职场	·尽量考虑一边工作一边照顾父母 ·休能休的假，不要勉强自己
需要照顾孩子	·不要勉强自己，尽量充分利用看护服务 ·可以考虑让父母搬家	·考虑承担一部分看护工作，比如只在周末照顾父母 ·等不需要照顾孩子之后再开始帮忙照顾父母

如果要照顾孩子，就很难照顾父母

这个问题首先要考虑**"孩子"**，孩子是否依然需要照顾会影响我们的判断。等孩子上大学后，就可以理解为他们不需要父母继续照顾。可是如果孩子依然在上小学、中学，或者还没有上学，我们就必须做好心理准备，需要同时照顾孩子和父母。

另外一个要素是**与父母的距离**。如果开车或者利用交通工具只需要 30 分钟左右就可以到父母家，我们就能每天去看看父母。如果需要 2 个小时，就可以在每个周末前往。可是如果更远，距离的限制就让我们很难承担日常照顾父母的工作，需要考虑是自己回到故乡还是让父母搬到自己身边。

不过**如果有兄弟姐妹，就可以分担责任**。首先要和兄弟姐妹商量，**冷静地讨论"现在可以做到的事情"，厘清公共看护保险服务能够利用到什么程度等问题**。

💲 基本原则是尽量不要辞职

刚才我提到了回到故乡的可能性，有人认为照顾父母相当于辞职，可是**我不建议大家辞职**。

照顾父母和育儿有很大的不同，那就是"不知道什么时候结束"。孩子很快就会长大，可以预见到他们在大学毕业后就会离开家。可是照顾父母不知道"到何时结束"。如果辞去工作，有可能对自己的人生造成巨大的影响。

我们可以考虑"充分利用看护假和看护停职制度"。

通常情况下，员工每年最多能请5天看护假，如果要照顾2个人以上，就能获得10天假期（不仅是正式员工，临时工、打工者、派遣员工同样可以享受），基本上无薪。每照顾一名家属，看护停职时间最多可以累计达到93天，能休3次。只要满足条件，就能利用失业保险提供的看护停职补助制度，得到停职前工资的67%。两种制度都能在我们需要边工作边照顾父母时提供帮助。

另外，应该最大限度地利用看护保险，在此基础上考虑充分利用看护服务，还可以调查养老院等设施的费用。

照顾父母基本上要根据"父母的资产和养老金范围"进行安排。无论多么孝敬父母，我都不建议做出对子女造成负担的选择。尽量在不会影响自己的育儿和晚年经济规划的范围内照顾父母。

09 | 准备"晚年 2000 万日元",首先要做什么?

💲 确认有没有退职金和企业退休养老金

不久前,"晚年 2000 万日元"的说法引发热议。这是由金融厅报告引发的骚动,不过其中也有很多误解。

举例来说,国家没有为国民的晚年准备养老金,这种说法是错误的。简单来说就是,2017 年的家庭收支调查显示,用一对高龄夫妇的平均收入减去平均支出,养老金会出现 5.5 万日元的缺口,在 30 年里会出现 2000 万日元的缺口。

这笔金额很庞大,于是引发了热议。与此同时,保险行业开始打着"晚年 2000 万日元的对策就在这里"的旗号销售金融产品。那么实际上为了准备晚年 2000 万日元,应该从哪里开始呢?

最近打工也能加入养老保险的情况越来越多

	没有退职金	有退职金
夫妻双方都是正式员工	· 如果有双人份的养老保险，每年拿到的金额比标准家庭①多 · 要注意存钱，弥补没有退职金的部分 · 一定要充分利用 iDeCo	· 如果夫妻双方都有退职金和养老金，就不需要太担心"晚年2000万日元"的问题 · 确认夫妻二人的退职金金额
夫妻双方只有一人工作或者单身人群	· 有一份养老保险 · 如果是没有退职金的单身人群，就需要在工作时尽可能攒出养老资金 · 必须加入 iDeCo	· 一份养老保险有些少 · 只有一份退职金能够作为养老资金 · 必须多攒一些养老资金

单身人群尤其需要主动为晚年做准备

---

① 标准家庭：丈夫交40年养老保险，妻子做40年家庭主妇的家庭。

首先，重要的横轴是"有没有退职金或者企业退休养老金"。常年工作的员工辞职时，能拿到一笔一次性费用，这种制度叫作退职金制度。公司还会给员工支付养老金，叫作企业退休养老金。

根据统计，有八成的企业有退休养老金制度，几乎所有大企业都有，但大家有必要进行确认。员工最开始需要考虑的是检查**"是否有退职金和企业退休养老金；如果有，自己能从公司拿到多少钱"**。

退职金的水平参差不齐。日本经济团体联合会的调查结果显示，有的企业退职金标准超过 2000 万日元，但是以中小企业为中心调查的话，标准在 1000 万日元左右。现实中也有比这个数字更低的情况（毕竟只是标准）。

"晚年 2000 万日元"的第一项对策，是掌握自己或者配偶的公司有没有上述两项制度，金额大约有多少。

接下来需要考虑的是夫妻双方是否都有工作。如果女性始终是正式员工，那么夫妻双方很有可能在晚年拿到两份退职金。梳理横轴和纵轴后，有不少家庭会发现总有办法达到晚年存下 2000 万日元的目标。

金融厅的报告中还介绍了一项意味深长的数据，那就是有超过三分之二的员工直到离职的前一年还不了解自己的退职金金额。

让我们首先从调查公司内部的制度开始解决"晚年2000万日元"的问题吧。

💲 利用 iDeCo，增加晚年资金

要大致掌握自己能够从公司拿到的金额，至少要查看标准金额，以自己能够拿到的金额比标准金额少两成左右的情况进行估算。如果能够预估到具体金额当然没问题。

然后思考在此基础上需要增加多少钱。生活并不简单，就算夫妻二人都能拿到退职金，合计在2000万日元，也并非因为刚好有2000万日元就能百分百安度晚年。**如果能够利用 iDeCo，最好还是加以利用**。iDeCo 的税制优惠力度大，而且对于晚年资金准备很有帮助。让我们在不勉强自己的范围内用 iDeCo 攒钱吧。

如果夫妻双方都有工作，或许年轻时会因为工作繁忙，在育儿和家务分担方面出现很多争吵；不过进入晚年之后，一定能够从容享受生活。

10 | 夫妻双方都应该做正式员工还是打零工？

💲 夫妻双方共同工作，就能拿到两份养老保险

昭和时代，妻子做专业主妇的家庭数量是夫妻共同工作的两倍。可是在平成 30 年间，情况逆转，到了令和时代，夫妻共同工作的家庭数量达到了妻子做专业主妇家庭的两倍。

然而以"丧偶式育儿"为代表，现状是家庭内部的责任大部分压在了女性身上。妻子与以工作为借口不分担家务育儿工作的丈夫发生纠纷，这种话题在网上和育儿专栏中屡见不鲜。

疲惫时，大家或许会产生疑问，尽管如此，依然咬紧牙关共同工作是否有意义？其实夫妻双方共同工作确实有重要的意义。共同工作的意义会在晚年显露出来，尤其是夫妻双方都是正式员工的意义。

就算工作时因为育儿和家务的辛苦而争吵，晚年或许也能微笑度过

	一份养老保险	两份养老保险
两份退职金	・几乎不会出现这种情况。能够拿到退职金的基本都是正式员工，正式员工就能获得养老保险	・退职金和养老保险都是两份 ・为了安享晚年，重要的是两个人坚持作为正式员工工作，不要辞职（尤其是女性）
一份退职金	・员工＋家庭主妇（打工），是过去的养老金标准模式 ・如果作为员工的丈夫无法赚到很多钱，或许需要辛辛苦苦积攒晚年资金	・虽然双方都有工作，但是有一方的公司没有退职金（中小企业等） ・在没有退职金的公司工作时，要多攒一些晚年资金

几乎没有人了解自己的退职金金额。试着查一查吧

所谓专业主妇家庭的标准是，晚年在两份国民基础养老金的基础上增加"一份养老保险和一份退职金"。这是日本长期以来的标准模式，现在依然发挥着理所当然的标准模式功能。

另一方面，如今 20~40 岁的夫妻共同工作的情况并不少见，对于晚年的经济规划来说，这是重要的加分项。因为能在进入晚年后拿到**"两份养老保险和两份退职金"**。

能拿到两份养老保险时，假设每个月收入增加 5 万~6 万日元，以 25~30 年的晚年生活为例，依靠养老保险就能达到"晚年 2000 万日元"的目标。

另外，能拿到两份退职金也会让晚年资金大幅增加。就算退休时完全没有为晚年生活攒钱，或许最后也能勉强保证安稳的晚年生活。

如果是妻子做全职主妇的家庭，男性需要一个人赚两个人的钱，能拿到两人份的退职金，必须从事年收入远远超过 1000 万日元的工作。这件事情非常困难，可是夫妻双方分别获得 400 万 ~700 万日元的年收入，以**"年收入一共达到 1000 万日元"**为目标的话，可行性就会高很多。

⑤ 以夫妻共同分担家务育儿劳动，合计年收入 1000 万日元为目标

考虑到晚年生活，夫妻双方共同工作明显有其意义，就算只考虑目前的生活，大家也想拿到两人份的年收入吧！

夫妻双方共同工作时，需要烦恼的是如何兼顾工作和家务育儿。首先，让我们看一看男性是否承担了一半，至少是四成左右的家务劳动吧。几乎没有男性承担四成的家务育儿劳动。就算自认为能做到的男性，在妻子眼里也往往只做到了一二成。

不愿意承担家务育儿劳动的男性往往会找借口："因为你的年收入比我低，当然要承担家务育儿劳动。"

或许正是因为家务和育儿劳动占据了大量时间，才导致女性的年收入无法增加。

如果男性能承担更多的家务劳动，将女性从"因为家务劳动太辛苦，导致年收入无法增加"的限制中解放出来的话，说不定夫妻两人的年收入总和能够增加 100 万日元。

"御宅族"理财规划师"愉快的消费方式讲座"

在兴趣爱好上花钱时，重要的是有没有"终点"，另外还要面对"失落"的问题。

就像电视台的晨间剧完结后心里空落落的感觉一样，自己喜欢的事情结束后会出现失落的感觉。恐怕任何人都至少体会过一次类似的失落感吧。

我希望大家认真想一想，自己的兴趣爱好是不是没有尽头的？是不是有终点？

追星也会产生失落感，因为明星突然宣布结婚引退的事情常有发生。如果明星因为值得祝福的事情引退还好，要是因为丑闻而立刻消失，粉丝一定会很痛苦。

另一方面，也可以像宝冢剧团的粉丝那样接受自己喜欢的明星"总有一天要毕业"，在看清楚结局的基础上决定在当下支持自己喜欢的人。

失落感会让我们立刻停止支付费用，虽然花在兴趣爱好上的预算一下子减少，家庭收入有所增加，但是我们却丧失了一部分生活意义。

或许尽早找到下一个兴趣也是减少失落感的方法。

Chapter 04

大家应该理解的
法律和制度

💰 不要止步于理解法律和制度

社会上有各种各样的结构、法律和制度。

举例来说，当人们打算开始投资时，常常利用的制度就是 iDeCo 和 NISA。

可是在利用此类制度时，必须掌握"证券综合账户和银行账户的区别""股票、信托投资基金、债券等投资商品的种类""交易手续费、账户管理手续费等各类费用的金额"等知识。

尽管想要开始投资是好事，但是有人因为太努力学习各种知识，结果往往会陷入停止思考的地步，最后全部交给别人处理；或者陷入怀疑，觉得政府一定有什么企图。

无论是法律还是制度，有"企图"是事实，换成褒义一些的词，就是"意图"和"目标"。

比如国家不能强制推行个人编号卡①（My Number card），于是推出了个人积分政策。这样**就会有人主动办理手续，支付业务手续费**。

另一方面，就算反对个人编号卡制度，个人总是需要某种数据管理号码（总不能一直用纸质文件办事），就算个人可以选择不办理个人编号卡，**办理的人依然会获得便利**。

加入 iDeCo 和 NISA 能够享受税制优惠，**也是为了向希望晚年经济稳定的人、想要挑战投资的人展示某些优势，从而让他们采取行动**。不想做的人可以选择不用，这是个人的自由，**不过就没办法享受税制优惠了**。

只要看到这些"意图"和"目标"，看起来复杂的产品和法律也变得可以理解了。

---

① 个人编号卡：塑料制的搭载 IC 芯片的卡片，卡面记载有姓名、住址、出生日期、性别、个人编号（My Number）和本人脸部照片等个人信息，相当于中国的身份证。

🪙 用四宫图梳理思路，找到目标

有"好的企图"，也要学会谨慎分辨并且回避"不好的企图"。

举例来说，假设某家银行的信托投资基金销售人员格外热情，那么除了能给你带来利益，同时还会给银行带来利益。

银行当然不是不能挣钱，反而应该让它们挣钱更好，问题在于它们优先考虑"你（顾客）的利益"还是"自身（银行）的利益"。

金融厅的报告显示，人们指出一部分银行的信托投资基金销售人员将"金融机构的利益"放在"顾客的利益"之前。他们敦促顾客购买手续费昂贵的产品，大力销售短期交易产品。

如果投资收益相同，那么同样是低成本的产品，手续费高的产品会让金融机构获得更多利益。明明中长期持有的产品更有可能上涨，销售人员却希望增加交易次数，于是推荐顾客选择短期交易，金融机构就能挣到更多手续费。

请大家在看不清法律、制度和产品的目的时，一定要利用四宫格的两条轴来厘清思路。

　　四宫格一定能消除你的烦恼和不安，并且让你看透对方的企图。

　　接下来，让我们加深对法律和制度的理解吧！

"没有钱却要借钱立刻购买"为什么会有
损失？会损失多少？

$ 经济规划的基础是"攒够钱后购买"

经济规划的基础是"攒够钱后购买"，需要有计划地
准备。可是也有不需要攒够钱就能购买的情况，简单来
说就是借钱。电视广告、电车里的广告等都在诱惑你，
只需要简单的手续就能借钱。

在一段时期里，商业街的大楼里有无人店铺，可以
立刻办理持卡贷款，现在只需要一个手机应用程序就能
在家里完成贷款。在贷款如此简单的时代，人们能够看
到大量推荐贷款的广告，但理财规划师依然建议大家不
要轻易贷款。为什么贷款不是好的选择呢？让我们用四
宫格思考一下吧。

手机出了新款之后，或许就能以更便宜或者同样的价格买到新款

	现款购买	将来购买

能用现款购买是最好的选择！
（用信用卡一次付清既不会产生利息，还能积分）

现金

·最好的选择。不用支付比价签上的价格更多的钱

10 万日元

·花时间攒钱，说不定反而能买到打折的产品

10 万日元
（或许会更便宜）

贷款（借款、定额分期支付）

·控制不住欲望冲动购买，比任何网站的最低价都高

11 万日元
（1 万日元是利息）

×

不可能出现的选择，排除

借款或者定额分期支付会让未来的自己背上高达 15% 的利息

两条轴分别是"现在或者将来""现款或者贷款"。因为四宫格中的一格"将来贷款购买"的选择几乎没有意义，所以这次只需要考虑剩下的三种选择。

大家都明白"现在用现款购买"是明智的选择。用10万日元就能买到10万日元的产品。

与之相对，"现在贷款购买"尽管可以立刻拿到想要的东西，可是从支出角度来说是最糟糕的选择。假设分10期购买10万日元的产品，贷款利率是15%，那么十个月后支出总额就达到了10.7万日元。用定额分期支付每个月支付1万日元的情况几乎相同，需要分十一个月支付累计10.7万日元，**相当于多花了7000日元购物**。

正因为如此，我们必须有计划地存钱；就算没有计划，最好也要为了将来想要的东西存钱。

另一方面，还可以选择现在因为没钱所以忍耐，踏踏实实地存钱，然后"将来用现款购买"的选项。这是一个不错的选择。

现款支付不会产生多余的利息，而且由于同样的商品很可能会随着时间的流逝而降价，所以花时间攒钱后说不定能用更便宜的价格购买。反过来说，或许可以用同样的金额买到更新的型号。

努力抑制消费欲望的价值相当大。

信用卡一次付清很安全，反而划算

预计升值幅度超过贷款利息的产品，是现在贷款买也划算的产品。这种情况在日本基本上不需要考虑，最好不要受到煽动，导致自己日后需要填补贷款的缺口。

另外，不用现金支付，**而是使用信用卡支付时，最好也要选择一次付清**。将信用卡设定成一次付清，就不会产生利息。而且还能积累信用卡积分，更加划算。假设信用卡积分的返还比例是1%，那么买了10万日元的产品就能积累相当于1000日元的积分。实际上只花了99000日元，不仅不用支付利息，还通过积分享受了折扣。

| 现金支付和电子支付，哪种方法好处更多?

$ **在新冠疫情中使用率急剧上升的电子支付**

从乘车卡延展开的电子货币，随着智能手机的普及迅速扩展的二维码支付等，电子支付的使用率正在提高。

新冠疫情这几年，形势一下子发生了变化。不交换现金更卫生，而且由国家主导推行的电子支付宣传初见成效。经济产业省的调查结果显示，2021年度电子支付比例占总金额的32.5%。从"次数"上来看，**电子支付的占比更高，3家大型连锁便利店的报告显示，2022年3月的电子支付比例达到了40.6%。**

下面让我们用四宫格看看电子支付的优势吧！

我推荐更划算的电子支付，现在"比现金支付更便宜"

	现金支付	电子支付
返积分	· 使用积分卡时能获得积分，但是只能积一次	· 既能获得积分卡的积分，还能获得电子支付积分 · 因为能获得双重积分，所以实际折扣力度更大
不返积分	· 和过去的生活方式一样 · 在收银台用现金结算，浪费时间又老土 · 没有折扣	· 不需要找零，结算迅速 · 尝试一次就会发现很方便 · 只需要在便利店使用交通IC卡（Suica 等），就可以实现电子支付

就算没有积分，"便利"也可以成为从现金支付转为电子支付的理由

把"现金支付"和"电子支付"作为横轴，看看二者的差异。另一条轴是"是否有折扣"，具体体现是"是否返积分"。

人们常常说"现款支付是最聪明的选择"，不过那是在与信用卡分期付款等会增加利息的情况做比较。

普通的电子支付不会产生利息，因此可以无视这种视角。相反，电子支付的优点在于**"可以通过返积分获得实际折扣"**。

在一段时期里，二维码支付可以获得"20%的返现"，被大力推广，当时很多人通过设置应用程序获得了实质上的折扣。最近高返现率的活动在减少，不过依然能够获得一定折扣，确实比现金支付更划算。

或许你会认为现金支付也能获得积分，但那是商店的 d 积分①（需要使用商店的积分卡或者 d 积分等通用积分卡），电子支付也能获得此类积分，而且电子支付还能获得自己的积分，而现金支付并不具备这项优势。

---

① d 积分：日本手机通信商 Docomo 的积分点数，可以在 Docomo 合作的地方作为现金抵扣消费。

⑤ 当今时代需要思考如何聪明地使用电子支付

现实问题在于，就算只是因为不想每次都用现金交易而转为电子支付也有价值。当今时代，日常生活中几乎所有场景都能使用电子支付，而且只需要在手机上设定好，就不需要担心忘带钱包。因为我们就算出门时忘记带钱包，也不会忘记带手机（你在出门之后几分钟内就会看一次手机吧）。

电子支付需要注意的地方是感觉不到使用现金的"重量"。当钱包中的1万日元纸币逐渐减少时，我们会产生节约的意识；然而使用电子支付时，就算花了1万日元也体会不到1万日元纸币消失时的感觉。虽说如此，**如今已经不是考虑要不要使用电子支付的时代了，要考虑的是如何聪明地使用电子支付。**

现在依然没有转换为电子支付的人们，请大家认真考虑全面转换为电子支付吧。**这只是第一步而已。**如果你嫌麻烦，可以只做到把交通IC卡等用在交通工具之外的地方。

03 | 市面上流行的积分和优惠券优惠在哪里? 应该如何使用?

$ 充分利用优惠券和积分

现在几乎没有人不用优惠券和积分了吧。快餐店、便利店、超市、药妆店等,分发优惠券的商店数都数不清,几乎所有商店都能积分。

说到积分,支付一次可以进行多重积分,比如商店的积分卡积分、信用卡积分、电子支付积分等。**最好能够不断积累积分,使用优惠券,需要注意的问题在后面。**

利用优惠券和积分,对于希望促进销售额增长、争取利润的商店和我们这些顾客来说,分别有什么样的好处和坏处呢? 这次让我们稍微站在"商店的视角"来思考一下吧!

当心避免被积分和优惠券鼓动，造成浪费或者购买高价产品

	吝于提供积分	大方提供积分
销售额上涨	·通过人气产品和促销提高销售额 ·如果不依靠积分也能扩大销路也没问题，不过困难较大	·销售额的增长幅度超过提供的积分 ·传单、折扣、积分、采购等，利用所有手段实现销售额增长 ·客户可以毫无顾忌地得到积分
对销售额无影响	·这样下去销售额会下降？！ →想要提高商店的销售额，增加整体利润（也想要减少因为产品过期导致的浪费）	·没有效果？ （大部分情况下，积分都能起到刺激消费的效果）

积分是"下次打折"，优惠券是"当场打折"

人们常说积分卡的作用是"留住顾客"，因为通过开通积分卡，很可能将偶尔光顾的顾客变成常客。

优惠券同样如此，一旦我们拿到了感兴趣的商店的优惠券，就会想去看看。如果是曾经去过几次的店，优惠券会成为我们光顾的原动力，想到"好久没去那里了，去吃顿午饭吧"。

积分和优惠券会以某种形式促进销售额增长。"吝于提供积分和优惠券"反而会影响销售额，甚至有可能起到负面作用。无论是对商店还是顾客来说，积分和优惠券都能带来好处。

在百货商场里，比起打折，商品留在仓库里造成的损失更大，所以服装会打折促销，也有可能为了宣传提供力度很大的折扣。"第一步"是为了让顾客走进店里而分发免费优惠券，就算会带来亏损也有打广告的价值。

一段时期里，商店打出了二维码支付可以"返现20%"的口号，就算销售额多少会下降，不过会有很多人在手机上安装设定应用程序，所以有其价值所在。证据就是最近二维码支付不再提供力度很大的折扣了，因为宣传期已经结束。

换句话说，商店和运营公司并不傻，优惠券和积分的返现率不可能一直让商家亏损。所以**我们可以毫无顾忌地充分利用优惠券和积分**。

$ 避免浪费，同时享受折扣

只是当商店的销售额上涨时，你很可能会乱花钱。因此需要注意的是，不要被积分诱惑，导致多买了不需要的产品或者比平时更贵的产品，避免多余的支出。

我曾经因为"购物满 2000 日元可以打九折"的宣传，硬是凑到了 2000 日元以上。这种情况下，很可能因为找不到必需品而买下不需要的商品。这正是商家的目的。

现在日本正处于物价上涨时期，希望大家在最大限度地利用优惠券和积分的同时避免浪费。

04 | 个人编号卡为什么会提供好几万积分？

💲 个人编号卡会给每个人提供相当于 2 万日元的积分

在本书写作时，第二批个人编号卡积分（my point）的申请即将结束（申请期限：2022 年月底）。如果你已经有了个人编号卡，可以尽快办理个人积分的手续。

日本人可以自愿办理个人编号卡，而国家为了促进个人编号卡的普及会提供积分，这就是**个人编号卡积分项目**。

通过办理个人编号卡，每个人最多可以获得相当于 2 万日元的个人积分（新用户最多得到 5000 日元的积分 + 申请健康保险证得到 7500 日元的积分 + 登录公金受取账户①得到 7500 日元的积分）。

让我们把个人编号卡放在四宫格里看一看吧。

---

① 公金受取账户：用来领取补助金、养老金、补贴等政府提供资金的银行账户。

登记健康保险证没有坏处。使用公金受取账户也不需要担心钱被随便取出

	不申请个人编号卡	申请个人编号卡
积分	· 得不到积分 · 虽然不申请是个人自由,不过个人编号已经存在,是社会上的必要制度	· 每个人最多能够获得 2 万积分 · 积分可以看成对于我们申请卡片和登录使用所费的工夫的补偿 →得不到积分就太可惜了!
便利	· 与过去一样的生活方式 · 去政府部门办事需要用到的文件和手续和过去一样 →确实没有坏处,可是……	· 确实会逐渐增加便利性 · 在便利店就能申请居住证明 · 可以在网上办理养老金等手续

2024 年,计划将健康保险证和个人编号卡合二为一

你的选择只有两个，申请或者不申请个人编号卡。

政府部门的业务办理应该尽可能提高效率，当然意味着充分利用数据，以及信息电子化，提高效率不可能不使用个人编号这样的管理系统。

我们应该考虑的是**"申请个人编号卡对自己来说有没有意义"**。

选择不申请的人得不到积分，也没有机会享受生活上的便利。

与之相对，**选择申请个人编号卡，并且办理了手续的人既能得到积分，还能享受到生活中的便利。**

可以在便利店里办理居住证明和户籍证明（深夜也没问题），这是普及个人编号卡后简单易懂的好处。只要有了个人编号卡，换工作、离职时的国民养老金手续和失业保险的手续等，越来越多的手续可以在家办理。"在市政府门口排长队的痛苦"应该会逐渐减少。

💲 能得到积分，生活更加方便

有人怀疑个人编号的安全性，担心罪犯会使用个人编号卡进行不正当行为，从中获利。不过就算罪犯利用他人的个人编号卡申请补贴，每个人也只能申请一次，而且政府部门只需要通知本人就能立刻发现问题。只要发现不正当行为，罪犯当然会立刻遭到逮捕，并且归还钱财。

用个人编号卡作为健康保险证的人，医疗费会出现少量增长，这是政策上的失误，现在已经解决。如果担心公民保险汇款账户的安全，可以提供平时几乎用不到的银行账户（我想政府随便取出人民财产的可能性无限接近于零）。既然如此，我认为**申请个人编号卡获得大量积分是更合理的选择**。

将来，健康保险证、驾驶证和个人编号卡会相互关联，全部存在手机里。没有个人编号卡的生活一定会变得更加不便。

05 | 为什么要加入寿险和车险等保险？

💲 当有人劝你买保险时

虽然近来直接进入公司推销的销售员人数大幅减少，不过依然偶尔会有推销寿险的人。认为可以等到结婚再买保险的人，如果听到"你现在这个样子可不行"的说法后表示赞成，往往会被迫签下不必要的保险合同。

在生病、受伤时赔付的寿险，为事故灾害准备的意外伤害险，大家都会犹豫要不要买保险？应该选择多高的保额？

要问应该购买什么样的保险，我的答案是"最好根据需要购买"。考虑买保险的问题时，四宫格的横轴是"是否会发生需要高额保费的事故（保险事故）"。

公共保障的范围已经很广,
能够补偿大部分风险

	容易发生保险事故	不容易发生保险事故
需要的金额较高	·依靠社会保障 例:任何人都会有无法工作的一天 →国家有养老金制度保障。工作时如果出现"无法工作的风险",可以靠健康保险和失业保险提供保障	·依靠民间保险 例:一辈子都不一定发生一次的事故。比如车祸的高额赔偿
需要的金额较低	·依靠现金 例:每年感冒一次,或者口腔溃疡 →每次去药店买药	·依靠现金 例:眼镜不知道隔几年会碎一次 →不容易发生,只需要较低的金额就能解决

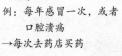

很多情况下,只要备有充足
的现金就不需要保险

163

不需要买保险的情况是"不容易发生保险事故／需要的金额较低"。比如摔倒后镜片摔碎的事故就很少发生，就算发生了，买一副新眼镜也只需要 1 万日元左右。

同样，"容易发生保险事故／需要的金额较低"的情况也不需要买保险。每年有可能发生一次甚至一次以上（比如口腔溃疡，会难受三天，不过会很快痊愈），不过基本上不需要治疗费用（甚至不需要去医院），没有人会为这种事情每个月支付保费，因为回不了本。

那么，保险能派上用场的情况就是"需要的金额较高"。比如患上癌症后，希望有钱与疾病作斗争，而且不想在去世后给家人的生活造成影响，虽然发生的概率低，但是需要很大一笔钱。这时就轮到保险出场了。

车祸也是一种需要保险的情况。尽管出现死亡的可能性相当低，但是一旦发生，就能得到超过 1 亿日元的赔偿；遇到类似的情况时，保险很重要。

另外，"容易发生保险事故／需要的金额较高"属于在整个社会中风险较高的情况，国家会努力解决问题，利用社保制度提供支持。比如人们进入晚年的可能性很高，而"晚年需要 7000 万日元以上（以每个月需要 20 万元，持续 30 年的情况为例）的资产"，这种情况下社会就会提供公共养老金制度作为支持。

Ⓢ 其实国家社会保障制度能够解决大部分困难

刚才我提到了公共养老金的例子，如果是公司员工，养老金能在相当大的范围内解决生病、受伤、死亡风险。下面就是国家社会保障制度的内容。

※ 死亡——如果有孩子，国家会支付遗属基础年金，并且为配偶提供遗属厚生年金

※ 留下残疾——终生支付残疾年金

※ 因为养病辞职——健康保险的疗养补贴相当于一年半的收入

※ 产生高额住院费——健康保险有高额疗养费制度，可以为年轻人提供每个月8万多日元的医疗费用

※ 公司倒闭——失业保险最多能提供一年左右的收入

当生病或者受伤时，社会保障制度能够在一定程度上帮人们解决问题。

另一方面，社会保障制度无法覆盖的领域属于意外保险的范畴。汽车保险（尤其是对人和物的保障）、家庭财产保险（也包含地震保险等）基本上有必要主动购买。你买的保险是不是太多了呢？

代替税金，可以解释为"捐款"

故乡税很受欢迎。在居住地以外缴纳税金，就会收到与纳税额相同的肉和土特产等谢礼。其中自己需要承担 2000 日元，剩下的数千到数万日元税金则可以换成物品，非常划算。

故乡税主页上，各个市区町村争相展示豪华的谢礼，**不过故乡税确实让应该交给现在居住地的税金流入了其他地区。**能够缴纳故乡税的网站上用"捐款金额"表示代替的纳税金额，其实是一种有些奇怪的现象，让本该代替税金的钱变成了"捐款"。让我们用四宫格来看一看故乡税吧！

对于故乡税这种绝对有利的奇怪制度抱有疑问

	不收谢礼	收谢礼
不减少交给居住地的税金	【选择不缴纳故乡税】 ·缴纳的税金用在了现在居住的地区（比如保育园的运营费用等） ·普通纳税行为 ·但是总觉得自己亏了	（根据某项调查，官网的手续费比能够用在地方产业的故乡税金额还高）
减少交给居住地的税金	·出现首都地区的税款大量流出的结果 	【选择缴纳故乡税】 ·能得到肉、蔬菜等谢礼 ·个人负担不变（需要额外承担2000日元） ·合法 ·能够为故乡纳税

故乡税原本应该是支持自己成长的故乡的制度……

实际上四宫格中有两项无法实现。"收谢礼但不减少交给居住地的税金"以及"不收谢礼（不缴纳故乡税）并且减少交给居住地的税金"。理论上应该可以在居住地缴纳故乡税，但是却无法得到谢礼（可以得到奖状）。作为个人行为来说没有意义，而且不会改变在居住地的税金，几乎没有意义。

那么剩下的两个选择如何呢？只能平衡"让自己获利还是减少故乡的税收"了。

你收到多少钱的谢礼，你所居住的区域就会减少多少钱的税收。东京 23 区本应获得的税收会大幅减少，会给东京地区的预算造成不小的障碍。

那么该如何考虑呢？

故乡税本身是合法的，可以堂堂正正地充分利用。可是要想一想你的税金会用在哪里。

对于普通人来说，税金用在什么地方、用了多少都没关系，因为自己要缴纳大量税金，所以感到不划算的人会被故乡税吸引。那么故乡税可以成为你的选择。

可是**考虑到你所居住的地区会受到不小的影响，故意不交故乡税同样是一个选择。**因为我的孩子还小，还要受到区立保育园和小学很多照顾。所以我不打算为了得到故乡产的肉食品而给与我的生活无缘的市町村缴纳居民税①。

有人认为谢礼是当地特产，有助于地方振兴，不过也有人指出最赚钱的其实是"故乡税网站"（能够从地方政府手里收取手续费）。

面对 NISA 和 iDeCo 等国家推行的制度，我可以果断地说"最好能够利用"，可是故乡税却并非如此。这种制度在经济得失之外，还让日本人感到"总有哪里不怀好意"。

恐怕几年后，这项制度就会被考虑废止。如果大家想要利用，请稍微想一想"我交的税会用在哪里"。

---

① 居民税指日本东京都、各道府县和市町村对各自所管辖的个人和法人征收的一种地方税。

07 | 个人投资为什么要选择信托投资基金？

$ 起投金额小，不需要自己管理

想要迈出一步采取具体的行动进行投资时，**如果选择"制度"，我推荐 iDeCo 和 NISA；如果选择"产品"，我认为应该充分利用信托投资基金**。关于制度，我会在下一节中介绍，这里就让我们用四宫格来看一看"信托投资基金"吧！

信托投资基金只需要每个人出少量资金，就会达到数百亿日元甚至数千亿日元的总额（基金），以投资公司事先说明的投资方针为基础，代替个人进行投资。无论投资结果是好是坏都会返还给个人，投资公司会收取规定的手续费。信托投资基金的重点有两个，**"起投金额小"**以及**"不需要自己管理"**。

就连人们对投资理解更加深入的美国，其实也是以信托投资基金为主进行投资的

	有大额资金	有小额资金
代理投资	信托投资基金的魅力① ·投资公司会根据事先说明的投资方针代替你进行投资 ·不需要辛苦分析每一只股票的买卖时机	信托投资基金的魅力② ·可以从100日元起投，成为全世界各个企业的股东 ·不仅是发达国家，还可以投资新兴国家中不知名的公司
自己投资	·自己很难判断选择哪一家公司或者买进卖出的时机 （喜欢做投资的人除外）	·买股票基本上都需要几十万日元 ·很难用少量资金投资多家品牌，无法分散投资

个人投资时的便利之处

如果希望享受股东优惠，必须持有该企业的个人股

171

举例来说，购买"投资美国上市公司"的信托投资基金，哪怕只有几百日元到几万日元的资金，也能一点点投资美国的代表性企业苹果、亚马逊和谷歌等。

个人进行股票投资时，**最大的困难在于金额**。比如丰田汽车的股票标明"股价 2000 日元"，但是购买时要以 100 股为单位，所以至少需要 20 万日元。如果每个月攒 1 万日元，就算攒一年也买不到。而且如果有 20 万日元的资金，与其集中投资一家公司，人们会希望同时投资多家公司来分散风险，但是购买个人股时很难做到这一点。

从这一点来说，**选择信托投资基金起投金额小，而且可以同时投资多只股票和债券**。

另外，如果自己选择公司则需要花时间收集和分析信息，而且要承担做判断的压力，需要思考："明年会涨的是 Mercari[1]还是优衣库？东京电力会不会恢复口碑？"

我们的本职工作是公司员工，而且应该把时间花在个人放松、休息或者陪伴家人上面。**有了信托投资基金，我们就能兼顾投资和工作，兼顾投资和私人生活了**。

---

[1] Mercari：日本 C2C 二手交易平台，在中国有外号"煤炉"。

从选择投资"累积型 NISA"的信托投资基金开始

人们往往认为美国人对投资的理解比较深入，会积极进行投资，**其实普通员工大多会交给信托投资基金**。美国养老资金准备制度的核心是 401（k）计划和 IRA，据说平均余额在 1000 万日元以上，基本上全都是信托投资基金。

虽说日本的个人资产投资起步较晚，但是没有必要让一亿两千万人全都去买个人股，最好能够充分利用信托投资基金。

认为信托投资基金的产品数量太多，实在无法选择的人，请用"是否以累积型 NISA 为投资对象"进行筛选。**因为以累积型 NISA 为投资对象的信托投资基金投资手续费低，客户不容易成为金融机构的"冤大头"。**

只要对投资领域有所了解，就能进一步缩小产品的选择范围。请大家一定要利用信托投资基金投资，踏出资产投资的第一步。

08 | iDeCo 和 NISA 的优势在哪里?

$ 充分利用 iDeCo 和 NISA,优势在于"免税"

翻开推荐"投资"和"资产运用"的杂志、书籍和网页,就会看到 iDeCo 和 NISA 的推荐。我在上一节中也提到了大家想要采取具体行动进行投资时,希望大家充分利用 iDeCo 和 NISA 制度,因为有"免税优势"。

iDeCo 的正式名称是"个人定额缴费养老金",简单说就是为个人准备的养老金制度。而 NISA 是为了帮助人们积累资产而制定的"少额投资免纳税制度",二者都有"免税"的部分。

说到免税,大家确实会觉得划算。下面我将用四宫格为大家介绍 iDeCo 和 NISA 究竟划算在哪里。

尽可能同时利用
iDeCo 和 NISA

	不可抵扣税金	可抵扣税金
投资收益免税	【NISA】 ・正式名称是少额投资免纳税 ・有两种，分别是普通型NISA和累积型NISA ・累积型金额更大 ・可以中途解约，取出资金	【iDeCo】 ・正式名称是个人定额缴费养老金 ・魅力在于双重税收优惠 ・累积金额较少 ・原则上在60岁之前无法取出
投资收益征税	普通储蓄和投资 ・银行存款、证券账户 ・就算只有0.001%的利息也要征税 ・税率竟然高达20.315%	日本没有这种制度

今后即将进入高利息的时代，利息收入要缴纳的税金很高

首先，横轴是"可否抵扣税金"。通常情况下，假设所得税、居民税的税率是20%，那么赚1万日元到手就是8000日元。可是如果可抵扣税金，就能到手1万日元，然后存入 iDeCo 账户。**可抵扣税金就是 iDeCo 最大的魅力。**

纵轴是"投资收益是否征税"。通常情况下，投资收益要缴纳 20.315% 的税金，扣除税金才是净收入。**投资收益免税正是 iDeCo 和 NISA 制度的魅力。**

假设一个人每个月将2万日元的收入用来投资，持续20年，每年获得4%的投资收益，那么20年后的资产因不同的投资方式而有巨大的差异。

※ 采用普通投资：资产是536万日元（不可抵扣税金，缴纳20%的税金后投资，投资收益需纳税）

※ 采用NISA投资：资产是587万日元（不可抵扣税金，缴纳20%的税金后投资，投资收益免税）

※ 采用iDeCo投资：资产是726万日元（可抵扣税金，投资收益免税 / 只有 iDeCo 会产生账户管理手续费，所以每月需要扣除200日元）

按比例计算，相当于普通投资100：NISA109：iDeCo135。

投资收益不同，累积的成果也不同；只是选择了不同投资工具就能带来如此大的差异。

💲 尽量同时利用 iDeCo 和 NISA

经过计算可以看到，iDeCo 在税收优惠上是力度最大的，是最应该优先利用的制度。不过需要注意的是，在 60 岁之前无法中途解约。如果能够下定决心"这笔钱一定要在晚年使用"，iDeCo 就是最好的制度（虽然提取时需要缴税，不过税率比工作时低，而且有免税额度，甚至有可能在免税的基础上全额提取）。

NISA 也有较大力度的税收优惠，有利用价值。NISA 的魅力在于可以随时买卖，取出资金。NISA 有两种，"普通型 NISA"每年最多投资 120 万日元，能够投资 5 年（2024 年开始将变为每年 122 万日元，制度有可能修改，请大家确认最新信息）。"累积型 NISA"每年最多投资 40 万日元，能够投资 20 年。普通型的累积投资额可以得到 600 万日元，累积型的累积投资额可以达到 800 万日元，所以需要大家选择的是每年投入大额免税投资还是投入小额资金长期进行免税投资。

09 | 如果从 iDeCo 和 NISA 开始，应该优先选择哪一项？

💲 基本上要优先选择 iDeCo

iDeCo 和 NISA 有税收优惠，适合长期稳健投资。二者都是有魅力的制度，但是二者同样都有几项缺点。

在利用这两项制度时，需要在金融机构建立账户。银行和证券公司都会办理 iDeCo 和 NISA 业务，而且金融机构会同时推荐两种制度。

最理想的情况是能够同时充分利用 iDeCo 和 NISA 制度，但是有人没办法做到这一点。那么需要考虑"优先选择哪一项"时，该怎么做才好呢？

根据自己的情况选择每年 120 万日元 5 年的 "普通型 NISA" 或者每年 40 万日元 20 年的 "累积型 NISA"

	税金优惠	双重税金优惠
可以中途解约	NISA ·魅力在于解约自由 ·投资赚到的钱（收益）免税 ·累积金额较大，可以和 iDeCo 并用	此类情况不存在 （通常情况需要用扣除所得税和居民税后的收入进行投资，投资收益要再次纳税）
中途解约条件严苛	此类情况不存在 （部分金融产品、保险产品等在中途解约时会产生罚款）	iDeCo ·投资赚到的钱（收益）免税 ·每个月的投资金额可抵扣税金，所得税、居民税减少 ·做好心理准备，这是为 "晚年积累资产" →首先从 iDeCo 开始

理解差异后选择

不同金融机构提供的信托投资基金不同，需要注意。选择参考可以对比信息的网站

NISA 的优势在于"投资收益免税"。iDeCo 则有双重优势，会"将每个月的投资金额抵扣税金"，同时"投资收益免税"。

说到基本条件，应该优先选择 iDeCo。根据每个人加入的公共养老金不同，公司是否有企业退休养老金制度等条件，iDeCo 每个月的最大投资金额范围是12000日元到68000日元。如果是没有企业退休养老金的公司的员工或者全职主妇（夫），最多能投资23000日元；有企业退休养老金的公司的员工和公务员，最多能投资12000日元；除了个体经营者之外，每月的投资额度较小。

我推荐大家首先把 iDeCo 投满，然后充分利用NISA。因为投入相同的金额，**可以抵扣所得税和居民税的 iDeCo 能够获得更大的投资收益**。

不过大家还需要注意纵轴的内容，那就是解约的自由度。iDeCo 因为其"养老金"的属性，**只允许60岁之后解约**。虽然也有中途解约的条件，不过大部分情况都不符合条件。

所以"免税优势"和"禁止解约的缺点"需要权衡。需

要在退休前使用的钱和以备不时之需的钱要选择存入 NISA。

💲 反过来将 "60 岁前不能解约" 当成优点

对于必须每个月为晚年存下 1 万 ~2 万日元的人来说，iDeCo 的缺点反而可以变成优点。

攒到一定程度的金额后，就会受到中途解约的诱惑。目前的家庭经济状况越困难，越容易产生"想用一点点"的心情。逃离这种诱惑的最好方法就是选择"原本就绝对无法解约"的制度。也就是说，iDeCo "不能解约"的劣势也会成为优点。

iDeCo 禁止解约的限制非常严格。就算跑到消费生活中心投诉"金融机构不让我解约"也没办法解约；就算自己破产，iDeCo 也能全部留到晚年。iDeCo 反而是"最能保证晚年资产的制度"。

人们希望在年收入高的时期尽可能减轻所得税和居民税的负担，而员工减免所得税和居民税的方法只有 iDeCo 和房贷减税。我认为还是应该优先考虑 iDeCo。

10 | 国家养老金制度真的崩溃了吗?

💲 **人们过去说"养老金制度崩溃",实际情况呢?**

前几天,我和一位 70 多岁的证券公司前员工聊天,他对我说:"我年轻的时候,只要告诉客户'养老金制度崩溃了,来做股票投资吧',销售成绩就特别好。不过我自己是拿着国家给的养老金过晚年生活的。"

无论在任何时代,金融机构和大众媒体都会宣扬"养老金制度崩溃"。其实日本的养老金储蓄不仅没有减少,反而已经增加到了 200 万亿日元。储蓄如此丰厚的国家只有日本和美国。尽管大部分欧洲国家只有能够支付几个月的储蓄,也确实如字面的意思,"正在上班的人的保险费用来支付现在老年人的养老金"。只看这一点,日本养老金制度崩溃的说法就很奇怪。让我们用四宫格来看看养老金问题吧!

大多数发达国家几乎没有养老金储蓄，新兴国家同样如此。日本属于优等生

	少子化、老龄化情况加剧	少子化得到控制
有对策	【距离养老金制度崩溃、制度需要修改的情况越来越远】 ·究竟是"因为崩溃所以需要修改"还是"因为修改所以没有崩溃"？既然没有崩溃，不如尝试积极思考！	【需要除了养老金制度之外的对策】 ·采取少子化对策、"待机儿童"问题、减轻育儿费用负担等措施，最终达到稳定的养老金制度
无对策	【如果没有对策就很危险】 ·可是按照已经修订过的法律，养老金制度会自动达到收支平衡 ·不需要担心养老金储蓄枯竭	【制度达到稳定】 ·未来社会的中坚力量增加是优势 ·职场上的女性、老年人数量增加，对于养老金制度来说是一大优势

劳动力增加有助于制度稳定，但未来也会出现更多能够拿到丰厚养老金的人

我犹豫过要用什么内容做轴，最后选择了"少子化、老龄化的发展"和"养老金制度是否改革"。少子化和老龄化是很难改变的趋势。

其实老龄化的问题更严重，1980—1990年，平均算来，国家需要支付10~15年养老金，近年来，平均需要支付22~23年养老金。未来日本人的寿命将延长10年，国家还需要多支付10年的养老金。

少子化同样是很难遏止的趋势，生孩子本来就不能强制，年轻人减少又会导致适婚人群减少。发达国家基本上都有同样的烦恼。

既然如此，只能灵活地修正轨道，制定符合时代的养老金制度。其实现在的养老金制度采用了平衡的结构，"长期保险收入（在工作时积累）和长期养老金补贴（支付给高龄者）"的收支基本平衡，不会出现某一天突然崩溃的情况。而且国家会公开信息，甚至会提前超过10年公开"距离崩溃还有 × 天"这样极端的信息。

在大约10年前断言"养老金崩溃"的人现在为什么销声匿迹了？恐怕是因为他们也开始意识到崩溃不会发生吧！

$ 如果养老金制度崩溃，我们必须存下 1 亿日元

这个问题最终是"相信不相信国家"。几乎所有日本人都对国家制度采取怀疑态度，也很难相信养老金制度。

可是**如果你真的相信养老金制度会崩溃，就不能依赖国家的养老金制度，必须主动为自己的晚年做准备**。遗憾的是此事并不简单。假设夫妻二人每个月需要花费 20 万日元，那么考虑到 65 岁之后的 30 年，必须准备好 7200 万日元。如果"希望每个月有 25 万日元"，或者"要活到 100 岁以上"，就需要准备更多钱。

因此每个月必须存下超过 10 万日元，没有人真的这样做。明明认为国家的养老金制度会崩溃，却不准备 1 亿日元存款，这种做法是自相矛盾的。

普通人可以在一定程度上相信养老金制度，相信"至少在晚年能够拿到生活费，虽然不会有富余"，然后自己准备让自己的晚年生活更加富足的部分就好。

"御宅族"理财规划师"愉快的消费方式讲座"

最后，我想谈一谈"砍掉兴趣爱好预算的方法"。人生中花在兴趣爱好上的预算不会没有限制。喜欢上新的偶像时，有时必须做出判断，不再去为之前喜欢的偶像花钱。

尤其是需要花钱的兴趣爱好，出于惰性继续支付费用不是一件好事，所以需要大家注意。

要想砍掉兴趣爱好预算，比较简单的方法是让"人生发生变化"。搬家、结婚、生孩子等，都可以让我们改变兴趣爱好。

可是舍弃一项兴趣爱好相当困难。以我为例，兴趣稍有减弱，没有继续看的漫画，一旦出了新书，我就会陷入两难的境地："可是我喜欢这名作者，还是买了吧……""不，要在这里放弃……"

用在追星上的预算同样如此。喜欢上同一个组合里的其他人时，预算可以直接转移到新的偶像身上；可是如果喜欢上了更多不同的组合和配音演员，同样必须含泪放弃感情更少的一方。

虽然放弃一段感情真的很难过！

感谢大家读到这里。

这次我用两条轴画出各种四宫格，分解说明了有关金钱的烦恼，有没有大家感兴趣的话题呢？

金钱方面的烦恼很难轻易找到一个正确答案。我推荐大家在读过本书后，找到自己的位置，画出适合自己的两条轴，用四宫格分析自己的问题。购买本书的读者可以在网站上下载四宫格进行使用。

最后，我想为大家介绍三个关键点，帮助大家设定两条轴与绘制四宫格。

【1】从"自己"与"他人"的视角出发设定轴的内容

第一个关键点是从"自己"与"他人"的视角出发设定轴的内容，你会发现只有自己可以为自己的人生负责。

【2】用现在和未来两个时间设定轴的内容

填写四宫格时，以"现在是否有所行动""现行制度的差异"等内容为轴，思考未来是否会发生变化。只要能够看到自己在未来的变化，四宫格就成功了。

【3】设定对立或并立的两个条件

最后，设定时有两种选择，一种是设定对立条件，一种是设定并立选择。有时，乍一看毫无关系的两个问题也会相互影响。

利用四宫格思考金钱问题最大的好处在于"可视化"。在职场上人们也常常提到"可视化很重要"，个人层面关于金钱的烦恼和问题同样如此。

如果你有金钱方面的烦恼，请想得简单一些。四宫格可以用最简单的方式展现和分析四种选择的不同。

通过使用四宫格进行思考，你的未来一定会更加光明，更加富足。

最后，感谢大田原惠美女士从本书的企划到编辑过程中对我的用心。尽管最终成书在原企划的基础上进行了大幅修改，她始终努力为我在出版社内进行了各种调整（想一想我真是个糟糕的作者！）。

感谢图书编辑浅野实子女士，装帧别府拓先生以及众多工作人员的协助，在你们的帮助下这本书才得以出版。

感谢发现 21 出版社的销售人员，全国各书店的店员，感谢你们从上一本书开始对我的照顾。如果能让更多的读者看到这本书，我将感到非常幸福。

另外，我还要感谢购买这本书的各位读者。希望这本书能让你们在金钱方面的烦恼一扫而空，让问题逐渐得到改善。

山崎俊辅

图书在版编目（CIP）数据

别愁啦，用四宫格厘清金钱的烦恼 /（日）山崎俊辅
著；佟凡译. -- 北京：北京联合出版公司，2024.3
ISBN 978-7-5596-7332-9

Ⅰ.①别… Ⅱ.①山… ②佟… Ⅲ.①家庭管理—财
务管理 Ⅳ.①TS976.15

中国国家版本馆CIP数据核字（2023）第253874号

お金の悩みは4マスで考える　山崎俊輔
O KANE NO NAYAMI HA YON MA SU DE KANGAERU by Syunsuke Yamasaki
copyright © Syunsuke Yamasaki,2022,Printed in Japan.
Original Japanese edition published by Discover21,Inc., Tokyo, Japan
Simplified Chinese edition published by arrangement with Discover21,Inc.
through Chengdu Teenyo Culture Communication Co.,Ltd.

北京市版权局著作权合同登记　图字：01-2024-0916号

别愁啦，用四宫格厘清金钱的烦恼

作　者：［日］山崎俊辅
译　者：佟　凡
出 品 人：赵红仕
责任编辑：徐　樟
封面设计：李尘工作室
内文排版：末末美书

北京联合出版公司出版
（北京市西城区德外大街83号楼9层　100088）
北京联合天畅文化传播公司发行
北京美图印务有限公司印刷　新华书店经销
字数95千字　787毫米×1092毫米　1/32　6.5印张
2024年3月第1版　2024年3月第1次印刷
ISBN 978-7-5596-7332-9
定价：49.80元